海洋　探索未知事物
　　　引领孩子走进海洋世界
DISCOVERY

"看见·海洋" "十四五" 国家重点出版物出版规划项目

GUANYU SHENHAI DE YIQIE

关于深海的一切

陶红亮　主编

海洋出版社

2024 年·北京

图书在版编目（CIP）数据

关于深海的一切 / 陶红亮主编 . -- 北京 ：海洋出版社，2024.3

（海洋 Discovery）

ISBN 978-7-5210-1090-9

Ⅰ．①关… Ⅱ．①陶… Ⅲ．①深海－普及读物 Ⅳ．① P72-49

中国国家版本馆 CIP 数据核字（2023）第 053230 号

海洋 Discovery

关于深海的一切 GUANYU SHENHAI DE YIQIE

总 策 划：刘　斌

责任编辑：刘　斌

责任印制：安　淼

设计制作：冰河文化·孟祥伟

出版发行：海洋出版社

地　　址：北京市海淀区大慧寺路 8 号

　　　　　100081

经　　销：新华书店

发行部：（010）62100090

总编室：（010）62100034

网　址：www.oceanpress.com.cn

承　印：侨友印刷（河北）有限公司

版　次：2024 年 3 月第 1 版

　　　　2024 年 3 月第 1 次印刷

开　本：787mm×1092mm　1/16

印　张：13

字　数：210 千字

印　数：1～3000 册

定　价：128.00 元

海洋 Discovery

| 顾　问 |

金翔龙　　李明杰　　陆儒德

| 主　编 |

陶红亮

| 副主编 |

李　伟　　赵焕霞

| 编委会 |

赵焕霞　　王晓旭　　刘超群

杨　媛　宗　梁

| 资深设计 |

秦　颖

| 执行设计 |

秦　颖　　孟祥伟

前言

　　在地球上，海洋总面积约为 3.6 亿平方千米，占地球表面积的 71%。浩瀚的海洋为人类可持续发展提供了丰富的资源。

　　深海通常是指 200 米以下水深的海域。这里是一个黑暗的世界，堪称地球上最不为人知的地方，有很多人类无法到达的地方，也有很多人类无法探知的秘密。不过，即便是在海面 2000 米以下的深层，依然有海洋生物活动的身影。鱼类、浮游生物、底栖动物在深海建立了一个海底生物圈。吞鳗、蜥蜴鱼、大嘴琵琶鱼、乌贼、章鱼、虾和海参等，都在这里悠闲地生活。还有一些发光的生物也在这里觅食、栖息。海底的地貌也是千奇百怪，就如陆地上的地貌一样，有平原、丘陵，还有高原以及火山。深海平原位于大陆隆和深海丘陵之间，覆盖有厚厚的沉积层，这些沉积物从大陆边缘搬运而来。海底还会产生强烈的"风暴"，由于深海海水的密度大约是大气的 1000 倍，所以海底"风暴"能量巨大，它的破坏力不亚于陆地上的飓风。海底还有价值惊人的宝藏——可燃冰、"黑金"矿，以及各种沉船……凡此种种，都是那么神秘，令我们向往，让我们去不断探索、发现。

　　本书全面透彻地介绍了深海之下活动的生物和海底世界的自然现象，包括 30 多个深海档案。每个章节按照不同的主题组织内容，配有导语、海洋万花筒、奇闻逸事、开动脑筋等栏目，这些栏目让我们能更加深刻、全面地了解关于深海的一切，如深海居民、海底黑烟囱、海底"黑金"等。另外，书中图文并茂，语言轻松活泼，浅显易懂，能让孩子们更加直观地感受海洋的魅力，品味大自然的神奇。

　　读完这本书，孩子们会发现，每一个物种都是地球生物链中的一环，任何一个物种的缺失，都是我们人类无可挽回的损失。同时，能让孩子认识海洋环境与海洋生物，学会用新颖的视角看自然，用自然的胸怀看世界。

目录

CONTENTS

Part 1
深海地貌大探险

人类没有停止向深海探索的脚步，对它的地形地貌了解得越来越清楚，深海中不仅有高山、平原，还有令人触目惊心的火山……在那里，你会领略到深海的神秘莫测。

形态迥异的海底地貌

在广阔而湛蓝的海面下，另有一番不同的风景。海底既有深不见底的海沟、屹立于海床之上的海台、山峦起伏的海岭和微微凸起的海丘，还掺杂着海槽与洋盆，拥有形态迥异的海底地貌。

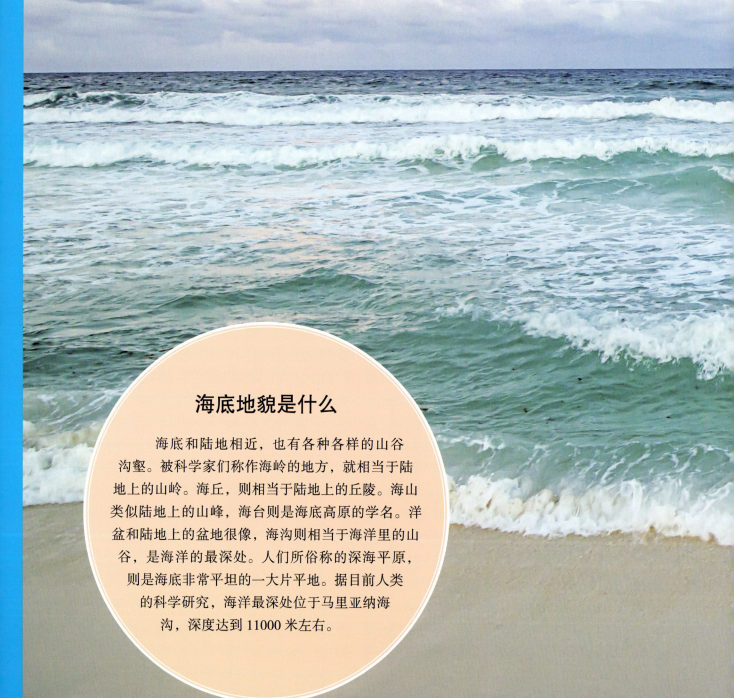

海底地貌是什么

海底和陆地相近，也有各种各样的山谷沟壑。被科学家们称作海岭的地方，就相当于陆地上的山岭。海丘，则相当于陆地上的丘陵。海山类似陆地上的山峰，海台则是海底高原的学名。洋盆和陆地上的盆地很像，海沟则相当于海洋里的山谷，是海洋的最深处。人们所俗称的深海平原，则是海底非常平坦的一大片平地。据目前人类的科学研究，海洋最深处位于马里亚纳海沟，深度达到 11000 米左右。

海底地貌的形成原因

人们生活的地表由许多地壳板块组成，这些地壳板块并非固定不变，而是处在运动的状态中。从这个角度讲，地球是"活"的。深海的地壳被称为洋壳，洋壳和地壳一样，也在运动中。深海的洋壳经过长时间的运动和挤压，就形成了各种各样的深海地貌，如海丘、海山和海台等。

海底的不同之处

看到这里，也许有人认为海底和陆地一样，都是些山、丘陵和盆地之类的自然地貌。然而，正如不同的陆地有不同的地貌，不同的海底也有不同的海底地貌。就以大西洋的海底地貌与太平洋的海底地貌来说，两者还是有些区别。例如，大西洋中的海沟数量就比太平洋的少得多；太平洋中的大型边缘海比大西洋的更多。

🔆 海洋万花筒

在海洋中存在着一些这样的海域：它们处于大陆和半岛或群岛之间。这些海域的一边是大陆，另一边则是半岛或群岛。这样的海域被人们称为边缘海。在西太平洋中存在着许多边缘海，如白令海、日本海、鄂霍次克海，这些边缘海的边界也常常分布着深深的海沟。

奇闻逸事

根据现代深海地形研究的数据，大陆坡的平均宽度约为 70 千米，总面积为 2870 万平方千米，占全球总面积的 5.6%。大陆坡的类型可以分为断裂型或陡崖型陆坡、前展堆积型陆坡、侵蚀型陆坡、礁型陆坡和底辟型陆坡。

大陆架与洋盆的连接——大陆坡

如果从沙滩往海里走，会先沿着属于浅海的大陆架一路下行。下潜到 200 米深度之后，就进入了深海。200 米的深度看起来似乎很深，但很多时候并不触及海底。从 200 米再往下，要经过一段下行的陡坡，这个区域就属于大陆坡。

沿着大陆坡继续下行一段距离才能到达洋盆。洋盆相当于深海里的盆地。大陆坡即是洋盆与浅海中的大陆架的连接部位。

为什么会有大陆坡

科学家们研究发现，构成大陆坡的材质是花岗岩，这点和大陆架一样。同时，地球地壳的材质也是花岗岩。因此，地质学家认为，大陆坡不但是洋盆和大陆架之间的连接部位，还是地壳和洋壳的过渡区域。因为大陆漂移，大陆和海洋之间形成了陡峭的崖壁，这些崖壁在各种地质的作用下形成了大陆坡。

海沟——海中的深渊

海底并不是一马平川，它和我们所在的地表一样地貌形态各异，有斜坡突起，也有沟沟壑壑，而且还有不见底的深渊，这种出现在海底的深渊被人们称为"海沟"。

海沟是什么

海沟是指深海中水深超过 5000 米，两侧狭长且具有陡峭边缘的区域。海沟的长边一般和大陆边缘线或火山岛的岛链平行。从长宽这个层面来看，海沟的长度可以达到几千千米，宽度则大约有几十千米。海沟的底部比较狭窄，要比海沟周围的海床深几千米。如果把海沟横着切开，人们会发现这个切面是一个"V"字形。

海沟的形成过程

科学家们认为海沟是陆壳和洋壳或洋壳之间相互挤压而形成的深沟。地球上有两种不同类型的地壳，分别是陆壳和洋壳。陆壳的材质是花岗岩，相对较轻。洋壳的材质则是玄武岩，相对比较重。当板块之间相互挤压的时候，较重的洋壳被较轻的陆壳挤在下面，因此形成了一条"V"字形的、长长的海沟。

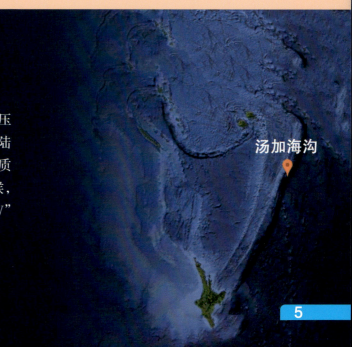

汤加海沟

令人震撼的深海平原

说起平原，相信大家不会陌生吧！这是一种地貌形态，它是一种地面平坦或起伏较小的区域。一般分布在河岸两边或濒临海洋的地区。那么，你听过深海平原吗？其实它们和陆地上的平原相差无几，只不过它们位于深海中。这到底是怎么回事呢？让我们一起走进深海平原吧！

什么是深海平原

你听过洋盆吗？其实，在海底也存在类似陆地上的盆地构造，它们就是洋盆。深海平原是洋盆中的"主角"，它们位于大陆隆和深海丘陵之间，覆盖有厚厚的沉积层，这些沉积物是从大陆边缘搬运而来的。

探索深海平原的成因

　　有人说，深海平原才是真正的洋底，可见它们的地表是多么的平滑。当然，这些平整而光滑的平原是由不断积攒的沉积物堆积而成的。它们填补了洋底的角落和缝隙。那么，这些沉积物是从何而来呢？其实，这些沉积物的来源有很多种，有的是从海上漂荡下来的，有的是被浊流冲下了大陆坡……

深海平原最显著的特点

　　如果让你说一个深海平原最显著的特点是什么，你会想起哪个词语呢？没错，用"平坦"二字来形容深海平原最恰当不过了。有科学家指出，如果忽略低矮的丘陵，深海平原可谓地球上坡度变化最小的地貌。它们的坡度大抵不会超过 1：1000。例如，阿根廷海岸线附近的大西洋深海平原，那里的坡度竟然低于 1：40 00 00。可想而知，深海平原是多么的平坦。

🌸 **海洋万花筒**

　　你知道吗？深海平原的形成是一个漫长的过程。在深海平原想要堆积 1 毫米的沉积物，大约需要 1000 年的时间。如此下去，大约亿万年之后，深海平原上堆积的沉积物厚度已经超过 1000 米了。另外，深海平原本来不是如此平坦的，而是因为这些沉积物有"粉底"的功效，让深海平原变得如此光滑和平整。

深海平原中留下的"脚印"

　　覆盖在深海平原上面的沉积物十分柔软、细腻。所以，它们备受深海流的影响。大家应该从电视上见过，深海之下并非死水，一些区域也会有相对稳定的水流，如等深流。尽管它们的水流速度较慢，大约每秒十几厘米，可是在日积月累之下，它们便会在深海平原上面留下一道道痕迹——深海波痕，远远地望去，它们好像一个个"脚印"，让人感到不可思议。

深海平原中大小不一的"石头"

　　如果你看过海洋类的节目，想必会被深海中大小不一的"石头"所吸引。其实，这些长得和土豆一般大小的"石头"，并非真正意义上的石头，而是一些富含金属元素的矿石，科学家称它们为多金属结核。据相关统计可知，全球多金属结核资源大约有 3 万亿吨。在未来，它们很有可能成为人们获取金属的重要原材料。

📖 奇闻逸事

　　多金属结核又称为锰结核，富含铁、铜、钴等金属。它们有的长得酷似土豆，有的连在一起，像是一块生姜。全球海底都分布有多金属结核，不过在太平洋最为集中，如东北太平洋克拉里昂－克利伯顿断裂带等。多金属结核多"生长"在海底沉积物上，它们"长成"大约需要百万年之久。那么，它们是怎么形成的呢？其实，多金属结核的形成和两个因素有关：一个是水成作用，当金属从海水中析出后，在氧化等作用下形成；另一个是成岩作用，沉积物中的金属在沉积物或水等界面中氧化析出。

多金属结核将是未来之星

在全球经济快速发展的背景下，各国都面临着资源短缺的挑战，很多国家开始对深海固体矿物资源进行开发、利用，如深海平原中的多金属结核。

人类什么时候认识的多金属结核

1872—1876 年，英国"挑战者"号进行环球考察时，在大西洋加纳利群岛的法劳岛西南的深海处采集到多金属结核。这大大激发了人们的好奇心，紧接着，"挑战者"号发现多金属结核分布在大部分海洋中。20 世纪初，美国"信天翁"号调查船对太平洋的多金属结核展开调查。直到 20 世纪 60 年代，世界各国才真正意识到多金属结核的价值，开始展开大规模的调查。

我国对多金属结核的研究状况

我国对大洋资源的调查起步较晚。20 世纪 60 年代初，我国意识到多金属结核潜在的价值和科学意义。20 世纪 70 年代，我国在大洋进行科学考察时，采集到多金属结核，并对其进行深入研究。20 世纪 80 年代中期，我国对多金属结核进行多次调查。这为我国申请国际海底开发打下基础。

开动脑筋

下列关于多金属结核的描述正确的一项是（　　）。

A. 多金属结核是锰结核

B. 多金属结核是一种纯净物

C. 多金属结核的储藏量极少

D. 大西洋中的多金属结核储量最多

不为人知的海底高原

人类为探索深海的沧桑变化，历经了曲折而漫长的道路。当人类实现"嫦娥奔月"的愿望时，却对海洋的认识残缺不全。你是不是也很想知道藏在深海中的秘密呢？让我们继续纵观深海中的奇观异景吧，如海底高原。

你听说过海底高原吗

　　海底高原又称为海台、海底长垣。它们是宽广且伸长的海底高地。整体来说，它们的台顶面相对平坦，可绵延几千千米以上，如太平洋马绍尔群岛的海台。当然，有的侧面坡度也相对陡峭。另外，海底高原在太平洋和印度洋分布较广。

海底高原是怎么形成的

海底高原的形成主要有两个原因：第一，受板块运动影响，当板块裂开时，一部分陆地开始下沉，从而被海水淹没，最终成为海底高原。第二，受海底火山影响，由海底火山喷发形成。

关于海底高原的分布

当前，人们知道的海底高原有 180 多个，它们的总面积约为 1800 万平方千米，占全球海底总面积的 5%。海底高原的分布并不均匀，全球大约有 2/3 的海底高原集中在印度洋和南太平洋，尤其是澳大利亚—新西兰周边的海区。

海洋万花筒

根据海底高原所处的位置，可将其划分为边缘海台和洋中海台。边缘海台成型于大陆边缘，位于 500 ～ 4000 米水深处，这种高原基底的成分是花岗岩，如美国东南岸的布莱克海台。洋中海台位于 4000 ～ 5500 米水深处，这里的高原顶层覆盖着钙质沉积物。

世界上最大的海底高原

在澳大利亚东北至新西兰一带，科学家发现了面积为150平方千米的海底高原。它包括两大部分，分别是挑战者海台和豪勋爵海隆。科学家还发现，在豪勋爵海隆上有多个火山岛，那里的地壳和大陆地壳十分相似，塔斯曼海盆和新喀里多尼亚海盆位于它的东西两侧。新西兰北侧则是挑战者海台，它和大陆地壳神似。

你听过西兰蒂亚洲吗

有学者表示，挑战者海台、豪勋爵海隆等构成的区域符合命名为大陆的条件。这些区域的面积接近500万平方千米，有着和大陆一样的地壳，还分布着大范围的火山岩、沉积岩等。所以，它们可以命名为"西兰蒂亚洲"，规划为世界第八洲。

奇闻逸事

距今约1.2亿年前，在南太平洋曾发生过一次大规模的海底火山活动，形成了世界上最大的玄武岩海台。当然，不少地质学家认为，玄武岩海台是以玄武岩为主，但它的成分和洋壳相近，所以，它们在形成过程中和地壳的形成有着密不可分的联系。

太平洋海底的三大高原

　　太平洋海底的三大高原分别是中太平洋海山群、安通爪哇和卡瑞宾，它们是因岩浆向上涌起形成的。地质学家发现，海底高原和陆地高原的形成原因和过程十分相似。另外，火成岩性质的海底高原是陆壳发展的阶段，人们可以通过它更好地探索地球的演化。

海底高原比陆地高了，它的顶部离海面有几百米到几千米以上。

海底高原"见证"地球演化

　　相对于大陆溢流玄武岩，大部分海底高原的岩性受污染少，可代表地幔源区性质。海底高原比周边洋壳高 2～3 千米，相比之下，它们的浮力大于洋壳，极易停留在洋壳表面。所以，不同的海底高原会相互拼接成地块。因此，它们很好地记录了地球在演变过程中的岩浆活动规律，对于人们研究其中的奥妙提供了可靠依据。

开动脑筋

请简单形容海底高原具备哪些特点？

_____

_____

_____

海里喷出火山了

　　只见滚滚黑烟伴随着岩浆涌出，通红的岩浆似乎被人从高空中推下一般，在空中留下一条条火红的划痕。当你读完这段描述时，最先想到了什么？没错，火山。它一般发生在陆地上。那么，你听过海里也会喷出火山吗？

什么是海底火山

　　顾名思义，海底火山就是在浅海或大洋底部形成的火山。海底火山喷发熔岩的样子就好像挤牙膏一样，当熔岩沉到海底时，会快速被海水冷却。当然，熔岩内部依然处于高热状态。

🔬 海洋万花筒

　　海底火山喷发是地质运动的结果，由于地壳结构的变动，火山附近的地质活动异常活跃。当熔岩库的压力大于地表时，火山就会喷发。另外，海底火山喷发的威力要比陆地上的火山喷发大得多，有时还会发生一系列的连锁反应，如海底大爆炸、海啸、海底地震等。

海底火山是怎么形成的

　　世界上大部分的火山并不在陆地上，而是在水下。你知道海底火山是怎么形成的吗？其实，它和陆地上的火山一样，要么是因为板块的碰撞，要么是因为板块的分离。而潮汐力、地球的旋转力等都会影响板块的运动。当两个板块碰撞时，相对重的一方会沉在相对轻的下方，进而形成一个海沟。随着俯冲带岩石的融化，下方闷热的岩浆因受压力作用而流向地幔。随着时间推移，岩浆会积攒到边缘，最终喷发到水中。由于水和压力的作用，喷发的岩浆抵达水面后便会凝固，渐渐地会在火山口形成一座山，这就是火山。

为什么海水浇不灭海底火山

　　海底火山为什么没有被海水浇灭呢？我们需要了解一下什么是火山。事实上，火山喷发的可不仅仅是火，还伴随高温液体。它们既不是可燃烧的物质，也不会因为没有氧气而熄灭。所以，即便海水将这种液体表面冷却，它们内部依然处于高温状态，这也是海水无法将海底火山浇灭的缘由。

Part 1 深 海 地 貌 大 探 险

海底火山有哪些种类

海底火山可以划分为3类，分别是洋脊火山、洋盆火山和边缘火山。洋脊火山位于玄武质新洋壳生长的地方。洋盆火山位于深海中的各种海山中，如大洋岛、平顶海山等。边缘火山位于沿大洋边缘的板块边界，它们是由孤岛组成的单元。

走进壮观的海底火山

全球的海底火山有很多，由于海底火山喷发的现象难以被人们发现，所以人们常忽略它们的存在。实际上，它们分布极广，例如：夏威夷摩罗基尼坑火山口，长得像新月形；美国加利福尼亚州莫洛岩石有"九姐妹"火山栓的美誉；苏特西岛的海底火山已成为世界自然遗产地；冰岛埃尔德菲尔火山让人震惊不已；日本琉黄岛附近的海底火山曾喷出无数个烟柱；新西兰兄弟火山的火山口直径大得惊人；海利火山是一座大型海底火山……

🗒 奇闻逸事

1963 年，冰岛的苏特西岛海底火山开始喷发。在火山喷发的作用下，那里形成一座新的岛屿——苏特西岛。那么，海底火山爆发是如何形成海岛的呢？最开始，海底火山藏匿在水下。随着不断喷发，火山喷发的熔岩不断堆积，逐渐形成了水下石柱等。在经历几千年乃至几十万年后，喷发物越积越多，最终形成了火山岛。

隐藏在海底火山的生命

海底火山的环境十分恶劣，在大部分人眼中，那里是一个荒芜的地方。不过，科学家发现，在海底火山的底部竟然有生命存在……

活跃在海底火山的鲨鱼

科学家在研究海底火山——卡瓦奇火山时，竟然发现那里生活着鲨鱼。那里的火山十分活跃，经常会喷发。不过，那些鲨鱼却十分淡定，似乎已经习惯了这种奇怪的环境。科学家认为，它们之所以能习惯这种环境，可能和它们的"洛伦兹壶腹"（鲨鱼的旁线神经系统，可以让它们感知水中的任何活动）有很大的关联，即它们可以预感到火山爆发，从而游到安全的地方。

真的有"煮不熟"的虾吗

通常，当水温超过一定范围时，生活在水中的虾类将难以生存。不过，在海底火山口边生活着一种奇怪的虾类——白色盲虾。它们可以在海底火山附近生活，要知道那里的温度可达几百摄氏度，难道它们不怕烫吗？研究发现，白色盲虾在火山爆发前可以感知高温，从而安全撤离。同时，它们体内可以分泌一种叫作高温酶的物质，相比一般虾类，更加抗高温，不过，它们无法在海底火山爆发时或火山口附近的高温下生活，100℃的开水就会把它们煮熟。

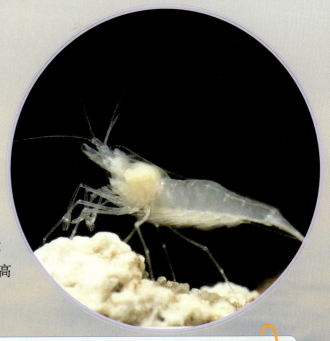

💡 **开动脑筋**

请查阅相关资料，说一说可以在海底火山生活的动物有哪些？

_____

_____

_____

海底也会有"风暴"

　　在大部分人的认知中，深海底部应该非常宁静。不过，科学家却发现并非如此，在深海底部也有类似飓风一样的激流。这到底是怎么回事呢？让我们一起走进今天要讲的话题——海底"风暴"。

海底"风暴"一词走进人们的视野

　　1963 年，美国伍兹霍尔海洋研究所的海洋地质学家霍利斯特提出海底存在"风暴"。不过，当时的海洋物理学家并不认可这一说法。如今越来越多的海洋学家开始认同这个观点。在他们看来，海底确实存在"风暴"。它们会光顾神秘的海域，并且以每秒 50 厘米的速度流动。在一些海域中，海底"风暴"每年可能发生 5 ～ 10 次。

海底"风暴"是怎么产生的

当海水和大气运动的能量累积到某种程度时,海底就会出现"风暴"。最初,你会从海面上看到一些漩涡,紧接着,大面积的海水开始呈漩涡状运动。当海面上的大风暴持续不断时,海浪也会变得异常凶猛,此时传递到海底的能量就会越来越大,海底"风暴"就诞生了。目前,海洋学家发现在北大西洋和南极洲附近经常会发生海底"风暴"。

海底"风暴"能量之巨大

如果在3海里的海域中发生"风暴",用肉眼直观,那里的水流速度并不是很快。可是,深海海水的密度大约是大气的1000倍。如此一来,海底"风暴"的能量则是巨大的。事实上,海底最强烈的"风暴"的破坏力不亚于陆地上每小时160千米的风暴。你知道吗?风速超过每小时120千米,就是飓风了。听到这里,你有没有被震惊到呢?

🌀 海洋万花筒

在海底"风暴"没有发生之前,那里的水流最大速度为每秒2厘米,一旦海底"风暴"发生,水流速度会骤然上升到每秒3米,相当于陆地上时速65千米的台风。

Part 1 深海地貌大探险

南海曾发生过海底"风暴"

　　2014 年，我国科学家曾主导第二次南海大洋钻探。2014 年 1 月 31 日，"决心"号钻探船在第一个钻位进行钻探。2 月 1 日，取出第一根岩芯，不过，岩芯内的沉积物却令人们震惊了。人们发现，那里面沉积着非常厚的粉沙和黏土物。可见，南海海底曾发生过频繁的物质沉积或搬运活动。当然，接下来的钻探更令众人惊讶。因为从一次次取出的岩芯中，这种频繁的浊积层旋回持续到海底 100 多米。人们揣测，南海海底曾经发生过"风暴"。

海底"风暴"的危害

　　海底"风暴"来袭时，场面极为壮观。如果置身海底，你会看到类似沙尘暴一样的景观。海底"风暴"所到之处，无论是岩石还是生物等，都会被掩藏在沉积层下面。当然，即便是海底科学仪器等也不能幸免。

📙 奇闻逸事

　　在加拿大纽芬兰岛的南面、新斯科舍半岛的北面有一股寒冷、密集的海流。当这股寒流运动时，会形成强烈的风暴。风暴会将泥沙卷起来，如同密集的云团一样。人们从海底取出的水十分浑浊，与美国密西西比河三角洲的水质相似。可见，那里曾发生过海底"风暴"。

海洋是一个奇妙的世界

人类的足迹踏遍千山万水，却对辽阔的海洋一知半解，尤其是海底深处，那里如同一片"处女地"，等待着人类去探索、发现。

深海到底有多深

对于海洋的深度，人们知道平均水深大约在 3800 米。可是，海洋最深之处到底有多深？人们曾用潜水球下潜到马里亚纳海沟中的斐查兹海渊 11 034 米深的地方。迄今为止，人们探索的最深之处是菲律宾棉兰老岛附近的海沟，那里深约 11 515 米。但是，这也无法断定它是世界上最深的海洋。

知识链接 你可以与上面介绍的深渊图表相比，世界最高峰——珠穆朗玛峰，也不过是8848.86米。

深海中竟然有氧气

有些鱼儿可以在深海中自由自在地游泳，可见那里有氧气存在。不过，氧气到底是从哪里来的呢？研究证明，深海中的氧气来自海水的垂直对流作用。海面上的水会源源不断地向海底流去，海底的水又会向海面上升，如此一来，深海中就会出现氧气。当然，这种对流过程是非常缓慢的。

🖊 开动脑筋

读到这里，你对海洋还有哪些疑问呢？请写下你的疑问，动手查阅相关资料吧。

_____

_____

_____

海底"黑烟囱"

在深邃的海底，人们偶然发现有"黑烟"冒出来，难道海底也有"烟囱"吗？这个奇异的现象吸引了科学家的关注。经过研究，蒙在这个神秘海底世界的面纱逐渐被揭开。原来，"黑烟囱"里冒出来的不是烟，而是高温炙热的黑色热液。这些"黑烟囱"正是由于海底热液喷发形成的。

海底"黑烟囱"是什么

当海水沿着海底的裂缝渗进洋壳内部后，受到地底灼热的熔岩影响，和基底玄武岩发生反应，形成了酸性、还原且富硫化物和成矿金属的热液。这些热液遇到地底难以渗透的岩石后，就会返回深海的海底。当热液与冰冷的海水相遇时，就导致黄铜矿、黄铁矿、闪锌矿及钙、镁硫酸盐等物质沉淀，从而形成了一种烟囱状的地貌，这就是人们俗称的海底"黑烟囱"。

🔬 海洋万花筒

1977 年，科学家在加拉帕戈斯裂缝首次发现海底热液，海底热液喷出来的热水就像烟囱一样。后来，美国科学家比肖夫博士也在太平洋接近 2500 米深的海底看到这种奇异的景象：蒸汽腾腾，烟雾缭绕，烟囱林立。

蕴含丰富的矿产资源

海底"黑烟囱"喷出来的不仅是高温水流，还有各种金属元素，如金、银、铜、铅等。这些金属元素经过日积月累，在"黑烟囱"附近逐渐沉淀为黄铁矿、闪锌矿、黄铜矿、方铅矿等多种硫化物，并和石膏、重晶石、沸石类矿物伴生，形成蕴含着极高经济价值的矿产资源。

科学家在进行海底"黑烟囱"的地质探索活动时，也拉开了金属硫化物成矿沉积活动研究的序幕。通过海底"黑烟囱"所产生的丰富的硫化物矿藏，可以研究地球不同地质年代的块状硫化物的成矿过程，并为研究几亿年前的海洋环境提供了重要样本。

海底"生命绿洲"

美国有一艘深海潜艇"阿尔文"号曾在海洋深处开展过勘探活动。1977年，"阿尔文"号在加拉帕戈斯群岛附近搜寻海底矿藏，深潜员潜入了海底裂谷的底部，惊奇地发觉海水的温度竟然达到了在海底堪称高温的8℃。

"阿尔文"号在随后的探测中，终于在一处裂谷底部发现了一片白色的"生命绿洲"。深潜员们看到了密集的白色管状物中伸出了一种红色蠕虫的柔软身躯，白色的乌贼、虾蟹等节肢类动物悠然地在海床上游荡。就在这个海底"生命绿洲"的中央，矗立着一根正在喷吐黑色高温水流的"烟囱"。

小型海底火山口

海底"黑烟囱"本质上是一个个小型的海底火山口，它能喷出高温热液。这里生存着长达3米的管状蠕虫，这类蠕虫没有口腔和肛门，成群生活在海底，什么都不吃，靠体内的硫细菌供给营养。正是这些细菌产生的能量，在海底逐渐形成了一个不依赖太阳的生态系统。

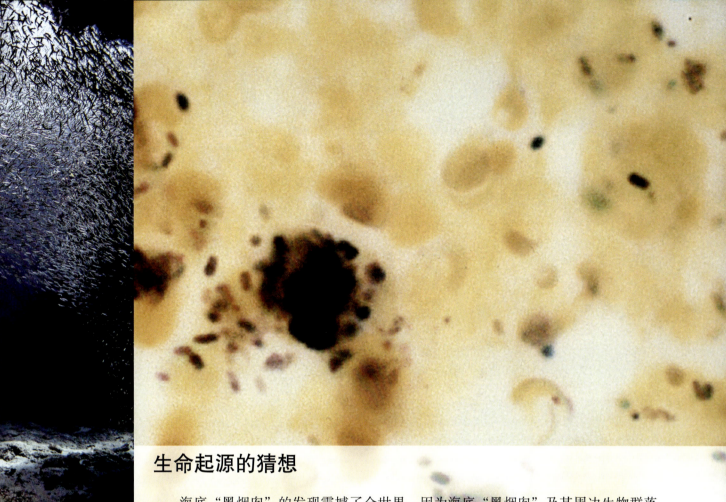

生命起源的猜想

海底"黑烟囱"的发现震撼了全世界，因为海底"黑烟囱"及其周边生物群落的发现，打破了"万物生长靠太阳"的假说。随之而来的问题也产生了，生命是如何诞生的？生命的诞生是否跟海底"黑烟囱"有关呢？

经过对海底"黑烟囱"附近的生物群落进行采样分析后，研究人员发现，海底"黑烟囱"喷出的水流中含有硫化氢、甲烷等气体，这种气体会被附近的嗜热、嗜硫细菌所利用，这些古细菌和甲烷菌以化学无机自养的方式，合成了能够被其他捕食者摄取的营养物质，成为海底食物链的基石。因此，有科学家认为早期生命起源于海底"黑烟囱"。

🔬 海洋万花筒

海底"黑烟囱"附近生物的生存环境，与太古宙生命起源时期类似。科学家通过研究年龄在25亿年以上的太古代叠层石，发现它们是由蓝藻等低等微生物的生命活动所产生的，由此推断早期生命或许就起源于海底"黑烟囱"。

深海冷泉——
海底的沙漠绿洲

海底不但有热液，还有冷泉。而且深海冷泉是继海底热液之后的又一重大发现。既然海底热液是热的，那冷泉难道就是冷的吗？它为什么会被人们称为"海底的沙漠绿洲"呢？

什么是"深海冷泉"

深海冷泉常呈线性群产出，主要集中在断层和裂隙较发育地区，其流体可能来自部地层中长期存在的油气系统，也可能是海底天然气水合物分解释放的烃类（CH_4 等），流体沿着泥火山、构造面或沉积物裂隙向上运移和排放，经常伴随着大量自生碳酸盐岩、麻坑、生物群落、泥火山、泥底辟等，是一种较为宏观的地质现象。

与海底热液的对比

海底热液和深海冷泉都是海底极端环境的反映。深海冷泉是继海底热液之后的又一重大发现，与海底热液炽热的熔岩不同，它的温度为 $2 \sim 4℃$，与周围海水温度基本一致。

深海冷泉的特点

人们根据冷泉溢出的速度，将它们分为快速冷泉和慢速冷泉。快速冷泉常产自泥火山，流体为富甲烷并携带大量细粒沉积物；慢速冷泉的流体主要是油或气。冷泉流体流量受构造作用、潮汐作用、孔隙流体与海水的浓度差产生的影响，对流、生物泵作用在时间和空间上也会不断变化。全球海洋环境中可能发育有 900 多处海底冷泉活动区，每年都释放大量的 CO_2 和 CH_4 等烃类气体到大气中，令人咋舌的是，CH_4 的温室效应是相同质量 CO_2 的 20 倍以上，已成为全球气温变化的重要影响因素。

"海底的沙漠绿洲"

在海底冷泉喷口不仅生活着以化能自养细菌为代表的初级生产者，还繁衍着管状蠕虫、蛤类、贻贝类、多毛类动物以及海星、海胆、海虾等一级消费者和鱼、螃蟹、冷水珊瑚等二级消费者，目前已经发现的冷泉动物物种超过 210 种。这些冷泉生物不依赖光合作用，完全靠着甲烷等化学物质的自养，有一套独特的生命体系，这可能就是生命的起源地之一。因此，深海冷泉也被人们称为"海底的沙漠绿洲"。

🔬 海洋万花筒

我国的近海冷泉区主要有 7 个，其中南海海域分布着 6 个，东海冲绳海槽有 1 个。2015 年，我国自主研制的"海马"号 4500 米级非载人遥控潜水器在珠江口盆地西部海域首次发现了海底巨型活动性"冷泉"——海马冷泉。

Part 2
深海微生物世界

你听过这样一句话吗？"小的是美好的"，这是一本畅销的经济学名著《小的是美好的》中的话。当你透过显微镜观看深海之下的每一滴水时，你一定会被它惊呆的！因为小小的一滴水中，竟然有太多太多的生命！

放射虫：不同寻常的虫子

在蔚蓝浩瀚的海洋中生活着一种微小的生物，它们呈多种形状，有球形、盘形、扇形、塔形等，身体的中心骨骼位置有刺且呈放射状向外伸展，它们就是放射虫。放射虫非常微小，只有在显微镜下才能看到，就是这种不起眼的小生物却分布广泛。那么，你对它们了解多少呢？

放射虫骨架的类型

放射虫的骨架有 3 种类型，分别是同心骨架、网球骨架和松散骨架。同心骨架由多层同心排列而成，每一层之间又由针、钩等连接，看起来十分美丽。网球骨架则是由球形或锥形等连接成的网状。松散结构之间由不太结实的杆、刺等组成。

放射虫的造型

放射虫属于原生动物门、肉足虫纲、放射虫目，以放射排列线状的伪足而出名，是一种海生漂浮的单细胞动物。它们有精湛的"雕刻技术"，身体的形状各异，有球形、钟罩形等。它们的身体直径为100～2500微米，骨架藏在细胞之中。

放射虫的分布范围

放射虫喜欢在大洋环境中生活，它们的分布范围十分广泛，在世界上所有的海域中几乎都能看到放射虫的踪迹。大部分放射虫喜欢在温暖的海域中定居，尤其是赤道附近，那里的放射虫数量不仅多，而且种类繁杂。当然，即使是南北极附近的海域，放射虫的数量也是不容小觑的。

海洋万花筒

放射虫在地球上的历史十分悠久，它们中的一部分生活在深海中，科学家们在俄罗斯、英国、北美洲等地都曾发现放射虫的化石。人们发现，放射虫在新生代发展到了顶峰时期，它们的化石分布在世界各地，并形成不少有代表性的化石群。

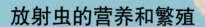

放射虫的营养和繁殖

　　放射虫以各种浮游生物为食，共生的藻类也是它们的食物。另外，放射虫的生命很短，一般只有几天，最长也就几个月。它们通过无性生殖进行繁殖。当然，也有科学家认为，放射虫有有性世代和无性世代交替的情况。

放射虫的独特之处

　　相对其他原生动物而言，放射虫的独特之处在于它们的细胞质中只有一个几丁质的中心囊。它可以将细胞质划分为两部分：囊内和囊外。当仔细观察时，你会发现在囊的表面还包裹着角质膜，这种膜的表面有很多小孔，如此一来，囊内和囊外就可以很好的沟通了。

奇闻逸事

　　当放射虫死后，它们会沉入海底，从而富集起来。它们堆积的密度十分惊人。例如，一个火柴盒大小的放射虫沉积物中，大约有 12 万个放射虫的尸体。正因为堆积在海底的放射虫尸体十分惊人，所以人们称此为放射虫软泥，这种软泥大约占了整个地球海底面积的 3.4%。

放射虫的研究热潮

放射虫的个头可能还不及一粒米大，不过，它们却在地球上扮演着重要角色，这也是科学家研究它们的原因。

有缝合地壳板块的作用

由于放射虫可以沉到海底，所以，它们在地球板块缝合方面有着举足轻重的作用。众所周知，地球上的几大板块会在相互碰撞中消亡，消亡后会形成碰撞带，也叫作缝合带。在缝合带中有很多深海残留物，这些残留物基本上只有放射虫化石。因此，科学家认为，放射虫化石可以证明地壳板块的运动。

提示：可以借助诗中或者热带鱼的特征，也可以只具有属于一种放射虫的。

越来越多的国家开始研究放射虫

欧洲最早开始研究放射虫，当前研究放射虫人数最多的国家当属日本，因为日本的地层特殊，他们很容易找到放射虫化石。随着人们研究板块的热潮，越来越多的国家开始研究放射虫。近几年，我国研究放射虫的人数也在不断增加。

🖊 开动脑筋

请你为放射虫制作一张明信片吧。

_____

_____

_____

海洋真菌

对人类来说，深海是一个陌生的地方。人们有时会对它感到好奇，有时也会感到恐惧。深海里不仅有各种地形地貌，也有许多鱼、虾、蟹等深海生物，还有各种各样的微生物。真菌就是深海微生物中的一类。那么，那些生活在深海中的真菌是怎样的呢？

什么是真菌

真菌是一种拥有成型细胞核、没有叶绿体的真核生物。这样的生物既能生活在陆地上，也可以生活在海洋。真菌不仅包括霉菌、酵母菌，也包括各种菌菇类的生物。人们所熟知的蘑菇、香菇和木耳就属于生活在陆地上的真菌。

人们对海洋真菌的认识

人们目前发现的陆地真菌的数量大约有 10 万种，而已经报道的海洋真菌的数量只有 1112 种。1869 年，法国科学家迪尔约首次在海草中发现海洋真菌，这也是人类最早发现海洋真菌的记录。

海洋真菌的分类

人们把来自海洋并能在海洋生境中生长与繁殖的海洋真菌称为专性海洋真菌，而把另一些来自陆地或淡水，但能在海洋生境中生长与繁殖的海洋真菌称为兼性海洋真菌。

🌀 海洋万花筒

海洋真菌的分类不止一种。有些分类把海洋真菌分为高等海洋真菌和低等海洋真菌。高等海洋真菌包括丝状高等海洋真菌和海洋酵母菌。这些高等海洋真菌中包含了子囊菌类、担子菌类和半知菌类。此外，海洋真菌里还有低等海洋真菌，包括大约 70 种藻状菌类。根据海洋真菌的生态习性，人们还把海洋真菌分为木生真菌、寄生藻体真菌、红树林真菌、海草真菌和寄生动物体真菌等。海洋真菌大多生活在浅海，目前人类已知的深海真菌只有 5 种，发现它们的最大水深是 5315 米。

寄生动物体真菌

有些海洋真菌寄生在海洋动物身上。它们一般寄生在海洋动物的外骨骼或壳上。这类海洋真菌可以在分解动物体内的纤维素、甲壳素、碳酸钙和蛋白质的过程中发挥比较重要的作用。但是，这些海洋真菌的活动也会导致许多海洋鱼类和无脊椎动物生病。

分解有机物

海洋真菌可以分解海洋中的有机物。不但如此，它们还能使海洋中的营养物质——无机物再生。这些物质都为海洋中的动植物提供了营养，因此，海洋真菌在海洋食物链中占据着比较重要的位置。海洋沉积物里的真菌菌丝体和酵母菌体，更是为海洋动物，特别是海洋底栖动物，提供了饵料来源。

海洋真菌的用途

有些海洋真菌可以降解海洋中的污染物，也能促进海水净化。还有些海洋真菌可以用来加工麦麸、稻草或甘蔗渣等，制作成比较廉价的微生物碎屑混合物，用作养鱼的饲料。

海洋真菌的危害

海洋真菌可能导致海洋动物生病。例如，美国的牡蛎生产区曾经因为海洋真菌导致的牡蛎疾病而蒙受巨大损失；北大西洋和太平洋沿岸的海草也曾经被海洋真菌侵害。此外，海洋真菌中的木生真菌会导致港口的设施、防波堤以及一些木质或纤维材料的设施腐烂。

海洋真菌。ABCD.

我国南海的深海真菌

2016 年，我国科学家们在我国南海海域的深海沉积物中采集了13 个样品。科学家们从这些样品中分离出了 52 株深海真菌。经过研究，科学家们发现这些真菌分别属于 16 个属，如枝孢菌属、曲霉属、青霉属和子囊菌属等。

开动脑筋

海洋真菌对于海洋动物和人类的意义在于哪些方面？（   ）

A. 制作养鱼用的饵料

B. 制造有机物

C. 使无机物再生

D. 为海洋的底栖动物提供饵料

海洋真菌的分布范围

　　海洋真菌在海洋中的分布范围非常广泛。这是因为海洋真菌大多附着于浮游生物或海洋动物身上，也就是附着于自己适宜的基物之上，作为它们的栖身之所。海洋真菌既能够存在于深海中，也可以生活在潮间带高潮线或者河流入海口；它们既可以在浅海沙滩上生活，也可以在深海沉积物里生存。

区分陆地真菌和海洋真菌

　　由于几乎所有真菌都可以在小于海水中的氧化钠浓度的条件下生长，所以，真菌的耐盐性不能作为区分陆地真菌和海洋真菌的标志。区分这两类真菌，主要是从它们的地理分布范围入手。海洋真菌过着食腐或寄生生活，因此真菌寄主和真菌本身的地理分布是一样的。由它们的地理分布就能判断真菌所属的大类别。

红树林真菌

　　顾名思义，红树林真菌就是生活在红树林间的海洋真菌。红树林是一种特殊的树木，生长在陆地和海洋的交界区域。因此，红树林真菌虽然生活在红树林被损伤的枝条和树干间，但也属于海洋真菌。这类真菌可以分解红树的叶片，为海洋提供许多有机物。

奇闻逸事

　　深海的环境比较恶劣，具有高压、高盐和低温的特性。就算是海洋真菌，想要适应这样的环境也并不容易。一些生活在深海的真菌，尤其是生活在水深超过 500 米的深海真菌，明显地具有适应高压、低温而生长的能力。

木生真菌和寄生藻体真菌

前文提到过，如果把海洋真菌按照生态习性来分，可以分为木生真菌和寄生藻体真菌等类型。木生真菌是一种分布最广、数量最多的高等海洋真菌。这类真菌可以分解木材和其他纤维物质，更多地分布在浅海海域。寄生藻体真菌一般寄生在海藻上，数量大约占据了海洋真菌总数的1/3。

海草真菌

在海洋真菌中，海草真菌的数量比较少。它们大多数生长在海草的叶子上，也有少部分在海草的根部栖息。这是因为海草根部有一种名叫单宁酸的物质，能够抑制海草真菌生长，只有少数能够抵抗单宁酸的海草真菌在海草的根部生长。

海洋细菌：
大海中的"小强"

　　大家认识蟑螂吗？蟑螂有着顽强的生命力，所以人们称它们为"打不死的小强"。在海洋中也有类似的生物，它们的生命力极强，它们就是细菌。和其他细菌一样，海洋中的细菌也是肉眼无法看到的。

海洋细菌的类型

　　海洋细菌是一群生活在海洋中的原核单细胞生物，它们有好氧和厌氧、光能和化能、寄生和腐生、自养和异养、浮游和附着等类型。常见的海洋细菌有假单细胞菌属、无色杆菌属、微球菌属、芽孢杆菌属、棒杆菌属等；在洋底沉积物中主要以革兰氏阳性细菌居多……

海洋细菌都分布在哪些地方

海洋中的细菌无处不在，从高温、高压、高盐的环境再到低温、低压、低盐的环境；从赤道到极地；从海水到海底沉积物中，都能找到海洋细菌的踪迹。那么，它们有什么不同呢？其实不过是环境、地区、细菌的数量和种类不同而已。

为什么海洋细菌分布这么广

尽管海洋中没有什么营养物质，可是海洋细菌对营养物质的要求也不高，所以，一些海洋细菌可以适应海洋环境。另外，海洋细菌中嗜盐性的细菌较多，海水中的盐类可以为海洋细菌提供必需的生长元素。还有一部分的海洋细菌有嗜压性，它们能在高压环境中生长代谢。与此同时，海洋细菌的附着生长及趋化性，也让它们集聚到营养相对丰富的区域中。

🔆 海洋万花筒

水深每增加10米，静水压就增加1个大气压。如此推算下去，你知道在海洋最深处的静水压是多少吗？大约是1100个大气压。对大部分的海洋来说，有一半水深在3800米以下，如此推算，静水压应该在380～1100个大气压之间。所以，对那些生活在浅海的细菌而言，这样的环境会大大妨碍它们的生长。

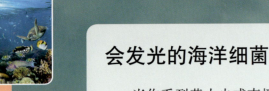

会发光的海洋细菌

当你看到萤火虫或南极磷虾发光时，一定会十分兴奋和好奇。其实，有一些海洋细菌也会发光，如发光杆菌属、射光杆菌属。当海水遭到搅动或受某种化学物品激发时，这些细菌就会发出幽幽荧光。人们认为它们发光的机理符合荧光素酶说以及发光素学。

人类发现的最大海洋细菌

"ChoanoVirus"是一种最大的海洋细菌，它们有 8.7 万个碱基，可以从太阳光线中获得能量。不仅如此，科学家还在这些海洋细菌体内发现了一种特殊的物质——视紫红质。这种物质是人体等生物体内部分细胞的光处理受体。科学家在研究中发现，这种海洋细菌有掠夺性。科学家猜想，当有机质缺乏时，领鞭虫一类的生物会利用视紫红质获取能量或帮助它们加速新陈代谢。

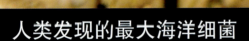

海洋万花筒

你听过"一鲸落，万物生"的说法吗？这是对"鲸落"的形象概述。当鲸死后，在下沉的过程中会被生活在不同海洋深度的生物蚕食。在沉降的中后期，鲸的尸体只剩下少量的有机物和骨骼。这是海洋深层和海底的甲壳类动物、多毛虫的食物。在鲸落的后期，鲸只剩下骨架了。此时，以有机物为食的动物离开该区域。厌氧细菌占据主导地位，它们充分利用海水中的硫酸盐等物质，进一步将隐藏在鲸骨骼内的营养物质加以分解。最终，鲸的尸体慢慢矿物化，为部分生物提供栖息的场所。

深海细菌存在的意义

　　深海细菌能产生许多独特的次级代谢物。这些代谢物对人们研究抗菌、抗肿瘤和抗病毒药物有重要作用。深海中有一种名叫深海极端嗜热菌的细菌，它产生的蛋白酶可以耐受高达130℃的高温，在工业生产和商业领域有很大用处。深海中的嗜冷菌所产生的嗜冷酶则在食品加工、皮革加工和洗涤剂制造行业拥有比较高的价值。

海洋细菌的代谢产物

　　海洋细菌和其他生命一样也会代谢。那么，你想知道海洋细菌的代谢产物有什么吗？细菌素，这是一种抑菌性的物质；生物酶，可以让细菌更好地适应海洋生态环境；大环内酯，有抗菌作用，兼并抗炎、免疫作用。当然，还有多糖、铁载体、毒素多肽、氨基酸等。

海洋细菌代谢产物的应用

　　细菌素可以用于食物防腐剂，在肉制品、乳制品中有不错的防腐作用。生物酶可用于原油开采，可提高采收率。大环内酯常用于临床应用，如治疗狼疮性肾炎等。多糖可用于废水处理、医药等。铁载体被广泛应用于医疗保健。

Part 2 深海微生物世界

海洋细菌带给人的危害

　　人们时常遭受疾病危害，研究发现，城市废水中残留的细菌可能是造成此种状况的根本缘由。在过去，人们一直认为细菌会在海水中死去。而事实说明，部分细菌十分喜欢海水，它们会残留在海鲜等食品中。那么，海洋细菌会给人们带来哪些危害呢？

海洋环境的现状

　　一直以来，人们将海洋视为倾倒垃圾的场所，最初人们只是将生活垃圾倾倒进去，随后，又倾倒工业垃圾。殊不知，在城市废水中富含微生物，甚至病原微生物。如此一来，海洋中便富集了各种细菌。如果人们食用了被污染的贝类、鱼类等，就会引起严重的疾病，如各种胃肠炎、沙门氏菌感染等。

人们对海洋细菌的认识

　　20 世纪 70 年代，人们认为海洋细菌在排入海洋之后的几小时或几个星期之内就会死亡。到了 20 世纪 80 年代，人们对海洋细菌的认识更加深入。美国马里兰大学的科尔威尔研究小组指出，海洋细菌在海水极度缺乏营养的环境下可保持休眠状态，可见海洋细菌的生命力之强大。

海洋细菌可以使人生病，并遗传。

粪便细菌，海洋中游泳的最大风险

如果有人问，在海洋中游泳时会遇到的最大危险是什么？或许有人会说一定是鲨鱼。其实不是，人的粪便或许比鲨鱼还危险。有研究表明，经常游泳的人患胃病或耳部疾病的概率要高于不游泳的人。还有研究表明，在海水中游泳的人患病概率更高，因为甲型肝炎病毒、大肠杆菌等都可以在海水中存活。

使人生病的细菌源自海洋

科学家发现，在人体内脏中生活并导致人生病的细菌可能是由海洋深处的它们的始祖进化而来的。随后，科学家将人体内脏的细菌和海底细菌作对比，发现它们之间有很多相似的基因。这些基因可在极端环境下生长，其免疫力极强。科学家表示，正是这种特性导致细菌可以在人体内脏内"不断传染"。

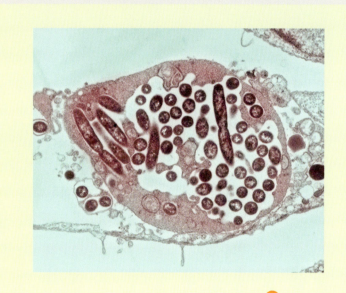

🔦 开动脑筋

海洋细菌带给人的危害还有哪些呢？请举例说明吧！

_____

_____

_____

海洋，病毒之"家"

蔚蓝的大海不仅是鲸、鱼类、海龟等的家园，那里还生活着数以万计的病毒。你可以想象出来吗？每一滴海水中可能藏着无数病毒。它们可以感染各种海洋生物，如甲壳类动物等。

海洋中也有病毒吗

说到病毒，你是不是有点心惊胆战呢？在生活中，人们的很多疾病都是病毒引起的。事实上，我们每天都和病毒有着亲密接触。简而言之，只要有生命存在的地方就有病毒。空气中有病毒、海水中有病毒……海水中的病毒数量十分惊人，它们漂浮在海水中……

海洋病毒的分布特点

　　海洋病毒更喜欢在近岸高、远岸低的地方生活，大部分的海洋病毒在海洋表层生活。伴随着海洋深度的增加，密度会呈递减趋势，而在接近海底的水层中，海洋病毒的密度又呈现递增的趋势。

海洋病毒，个体数量最多的微生物

　　早在1946年，人类就在海洋中发现了病毒，但因为当时的科技水平有限，被发现的病毒数量非常有限，因而没有受到关注。直到20世纪90年代，随着电子显微镜和荧光显微观察的出现，科学家发现海洋中存在大量病毒，据估算，1毫升海水中平均有1000万个病毒。然而，人类对深海病毒的认识还在更新。科学家新发现了海洋之中的近20万种病毒，其中绝大多数是首次被发现。此前，有记录的海洋病毒有1.5万种，而这近20万种的海洋病毒，只是海洋病毒家族的"冰山一角"。

🔬 海洋万花筒

　　在海洋微生物中，种类最多的是原核类，而数量最多的则是病毒了。病毒是进行严格寄生生活的非细胞生物体。人们在海洋、盐湖、极地等都发现了数量巨大的病毒。据统计，海底沉积物中的病毒大约占地球病毒总数量的87%。从数量上来看，海洋病毒是海洋微生物的10倍左右。

为什么海水中的病毒如此之多

病毒没有细胞结构，它们大多由蛋白质外壳以及核酸组成，无法独立繁殖。那么，为什么海水中会有这么多的病毒呢？无论是海洋病毒还是陆地病毒，它们都是利用被感染的细胞进行繁殖。当吞噬体进入宿主细胞后会依附在其细胞表面，随后将自身物质注入宿主细胞。在宿主细胞的新陈代谢下，产生很多子代噬菌体。

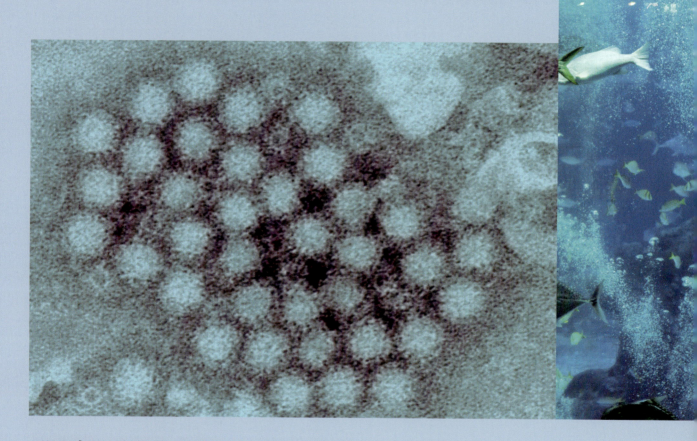

"挑食"的海洋病毒

当你看到如此活跃的海洋病毒后，心中是否担心整个海洋都会被它们"吃掉"？其实，这种担心是多余的。因为浮游病毒以及它们宿主的自主运动能力较弱，多处于"随波逐流"的状态。另外，海洋病毒相对"挑食"，它们不会看到细胞就感染，如原核蓝藻的病毒不会感染真核藻类。另外，病毒是否能感染宿主细胞，还和宿主细胞表面是否有该病毒的受体有关。因此，尽管海洋中的病毒很多，但各种微生物依然生活得悠然自在。

🗂 奇闻逸事

"塔拉"号是法国一艘从事海洋研究的科考船。2019 年，"塔拉"号科考船在多次航行中，从 80 多处海域中获得 146 个海水样本。科研人员从中发现了近 20 万个海洋病毒种群。当然，其中的 41 个样本是该船在 2013 年从北冰洋考察中获得的。随着人们对海洋病毒的认识加深，将有利于人们研究海洋生态和环境等之间的关系。

如果海洋病毒消失会怎样

相信有人会这样假想，如果海洋病毒消失了会不会更好呢？如果海洋中没有病毒，那将会是一件可怕的事情。那时，海洋中死去的生物将无法被分解，海洋生态循环系统会"掉链子"，可见海洋病毒是海洋生态系统中必不可少的角色。

杀死胜利者

海洋病毒和宿主细胞的接触是随机的，一旦接触，海洋病毒的感染程度取决于宿主细胞的密度。简而言之，如果宿主细胞数量过少，海洋病毒将很难感染它们。可是，一旦宿主细胞的数量较多时，海洋病毒便很容易感染宿主细胞。因此，科学家将这种现象称为"杀死胜利者"。

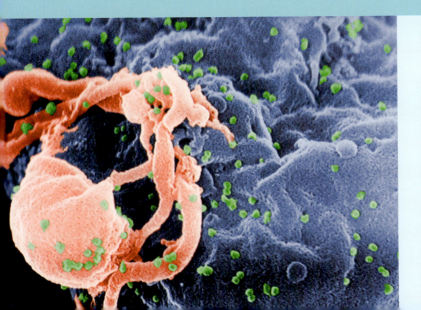

海洋病毒调控宿主种群数量

当某宿主种群数量繁多时，海洋病毒可在其细胞内大量裂解，从而使其感染，数量骤减。与此同时，如果另一个宿主种群数量居多时，海洋病毒则会继续感染它们，直到它们的数量骤减。所以，海洋病毒对于调控海洋生态多样性有着积极作用。例如，当赤潮发生时，相应的海洋病毒会裂解宿主藻类的细胞，从而改善赤潮的现状。

Part 2 深 海 微 生 物 世 界

过滤海洋病毒的生物

　　如今，人们对海洋病毒的认识越来越深，它们的数量及种类更是让人震惊不已。它们和海洋周边的环境有着千丝万缕的关系……对此，不少海洋生物进化出可以过滤海洋病毒的本领。这到底是怎么回事呢？

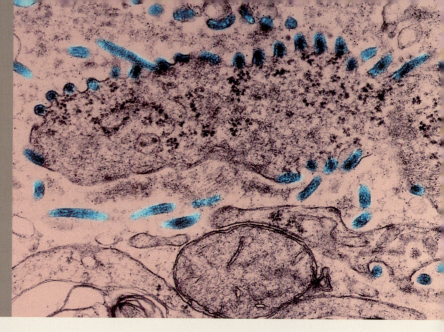

海洋是名副其实的"病毒汤"

　　"海洋最小的生物"——病毒越发引起人们的重视。海水中病毒的含量更是高得令人咋舌。或许，有一天外星人将地球上的海水拿回去化验，它们会惊呼道："原来，地球是由病毒构成的！"

海洋病毒能把碳"藏"起来

　　海洋会吸收人类排放的大量二氧化碳，它是地球上最大的"碳库"。事实上，海洋病毒是全球碳循环的重要推手。它们可以打断碳循环。病毒通过裂解，降低宿主被捕的概率，从而阻断碳向更高生物传递，将碳沉降到大洋深处。

日本牡蛎，"杀毒高手"

病毒感染宿主细胞后会产生新病毒，这些病毒释放之后又会感染更多的细胞。可是，对于很多非宿主海洋动物而言，海洋病毒反倒是它们的"美味"。例如，日本牡蛎在过滤海水的同时可以获得藻类、细菌等，还可以消化病毒颗粒。人们用日本牡蛎做实验，在完全不投放食物的环境下，日本牡蛎可以消灭水中12% 左右的病毒颗粒。

其他非宿主海洋动物抗病毒

除了日本牡蛎外，可以"吃掉"病毒的海洋动物还有海绵、鸟蛤、螃蟹等，它们消灭海洋病毒的能力超过日本牡蛎。据悉，海绵在 3 小时之内可消灭大部分海洋病毒，如果每隔一段时间往海水中增加新病毒，海绵也会来者不拒，将这些病毒迅速消灭干净。

 开动脑筋

哪些海洋生物可以杀死海洋中的病毒？

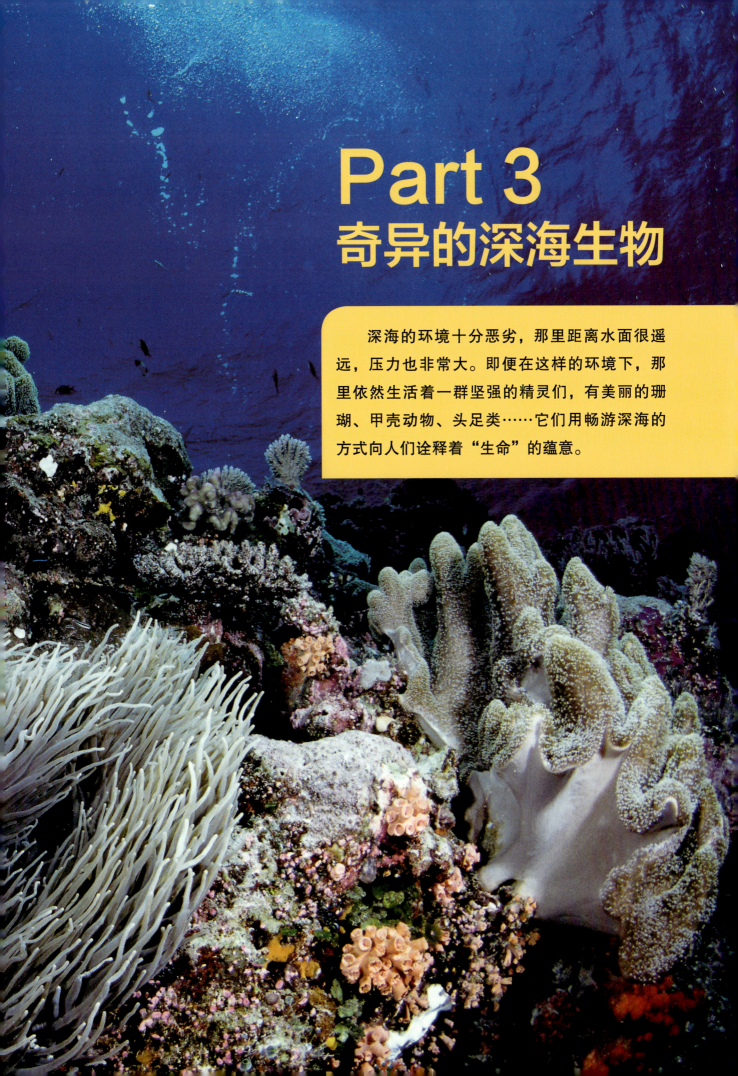

Part 3
奇异的深海生物

深海的环境十分恶劣，那里距离水面很遥远，压力也非常大。即便在这样的环境下，那里依然生活着一群坚强的精灵们，有美丽的珊瑚、甲壳动物、头足类……它们用畅游深海的方式向人们诠释着"生命"的蕴意。

深海之下对生命的探索

听到"深海"一词，总给人震撼之感。那里的水深超过 200 米，有的达到数千米甚至 1 万多米。那里不仅水压大、水温低，还看不到太阳。总之，人们将深海视为荒芜之地。可是，深海真的是生命的禁区吗？

关于深海生物的传说

一直以来，深海生物存在于人们的想象之中。相传在北欧神话中有一种海怪——克拉肯，它是一只巨大的乌贼，它的触手如大帆船的桅杆一般，身体大约有 1000 米长……

"600米水下无生物"的提出

1841年，英国生物学家爱德华·霍布斯在东地中海进行考察。他在海底不同水域取样，发现海水中生活着诸多生物，如海盘车、介形类等。他在调查中发现，海洋生物在深海中呈垂直分布，随着海水深度的增加，海洋生物的种类越来越少。所以，爱德华·霍布斯提出了"600米水下无生物"的观点，在他看来，那里是一个冰冷、毫无生机的世界。

深海之下没有植物

如果有人问，600米以下的深海有植物吗？答案是没有。那里的水温一般在4℃左右，没有光照，水压极高，在如此恶劣的环境下，植物无法进行光合作用，更无法生存。

🌟 海洋万花筒

深海的温度相对比较稳定，通常为−1～4℃，并随着深度的增加而逐渐降低。在赤道附近的低纬度海域，1000米深处的水温略高于4℃，到了2000米以下则低于4℃，再往深处还要低一些。深海的盐度稳定为35‰，海水到−1.8℃时就结冰了，但深海是没有冰的，因为一旦低于这个温度而结冰，冰就会因为密度小而上浮。

Part 3 奇异的深海生物

对爱德华·霍布斯这样的前辈科学家来说，深海太过阴暗、寒冷，再加上那时的科技还不如现在发达，所以他们认为深海中不可能存在生物。科技发达了之后，人们发现海洋深处并非想象的那样死一般的沉寂。许许多多的生物就生活在那片漆黑的深海之下。不同的海洋深度之下，也有着不同的海洋食物链。

海洋上层

海洋表面到 200 米深的水层称为海洋表层，这里阳光照射海水，水质较为明亮，海水呈蓝色。各种各样的海洋生物在这里生活，如海豹、海狮、鲸、鲨鱼等海洋动物，它们大多数都是生活在海洋的表层水域。在这个水域中，浮游植物可以进行光合作用，磷虾吃浮游生物、小鱼吃磷虾、大鱼吃小鱼等，这样的模式构成了完整的生物链。

海洋中层

深度为 200～1000 米的水层称为海洋中层，这里阳光不能完全照射海水，越往下光线越微弱，海水略显深蓝色。海洋中层生活着许多鱼类，它们大多在日落前靠近海面觅食，然后再返回海底躲避那些猎食者，如灯笼鱼、斧头鱼等。

海洋深层

深度为 1000 ～ 4000 米的水层称为海洋深层，这里光线无法抵达，一片漆黑，是一个黑暗的世界。在这个黑暗世界里生活着一群浮游生物、鱼类、底栖动物，如吞鳗、蜥蜴鱼、大嘴琵琶鱼、乌贼、章鱼、虾和海参等。

海洋深渊层

深度为 4000 ～ 6000 米的水层称为海洋深渊层，而 6000 米以下的水层则称为海洋超深渊层。人类探索过的海底最深处是马里亚纳海沟。中国"奋斗者"号载人潜水器曾在马里亚纳海沟成功坐底，坐底深度是 10 909 米。在海洋深渊层中只有少量的生物存在，如长相恐怖的尖牙鱼，头大、眼睛小的狮子鱼，还有短脚双眼钩虾，它们也是海洋超深渊层中为数不多的生物。

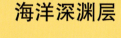 **奇闻逸事**

1960 年，"的里雅斯特"号深海潜水器在 11 000 米的水下科考时，意外看到一条长得像比目鱼一样的小鱼儿正悠然自得地畅游，这是人类第一次在深海之下看到活灵活现的生命，证明了深海之下是有生命存在的。

Part 3 奇异的深海生物

那些深海中的怪鱼

大千世界，无奇不有。提起海底世界，人们一定会想到色彩缤纷的珊瑚和迷人的热带鱼，其实在更深的海域中，还有很多让人意想不到、非常特别的鱼类。当然，人们没有办法通过自己的肉眼去发现，通过深海探测，那些藏在深海里奇怪得无法形容的鱼类就呈现在了人们的眼前。

毒蛇鱼

毒蛇鱼一般生活在 600 ~ 1500 米的深海中。它的身体比较长，可以达到 35 厘米。它们的牙齿像毒蛇的牙齿一样尖利，眼睛突出，目光森然，令人汗毛直立。因此，人们把它称作毒蛇鱼。

毒蛇鱼不但长相骇人，还喜欢吃肉。它们一般以甲壳动物和鱼类为食。毕竟对它来说，尖利的牙齿可不能白长。

尖牙鱼

　　提到深海怪兽，尖牙鱼也许最接近这个形象。在人们能看到的照片中，它们似乎总是张大嘴，露出两颗又尖又长的牙齿，狰狞的表情配上空洞的目光，让人不安。尖牙鱼一般生活在热带和温带的深海中，栖息于500～5000米的黑暗海水里。

　　尖牙鱼不但长相可怕，还从不挑食，几乎是见到什么就吃什么。如果体型比尖牙鱼大的鱼从它们的身边游过，而尖牙鱼这时恰好饿了，那么它们也会攻击这些大鱼。毕竟有这么恐怖的牙齿，许多大鱼都打不过它们。

吞噬鳗

　　吞噬鳗也叫宽咽鱼，一般生活在1500米左右的深海中。它们的体长能达到1.8米左右，像是一条巨大的蟒蛇。它们的嘴可以张得很大，上颌无法活动，下颌却可以拉到非常靠下的位置，看起来非常恐怖。由于吞噬鳗没有肋骨，所以它们可以吞噬比自己更大的猎物，因此而得名。

Part 3 奇异的深海生物

六鳃鲨

　　六鳃鲨广泛分布于太平洋和大西洋的热带和亚热带海域，如澳大利亚珊瑚海 1400 米深的水下。它是世界上最古老的一种鲨鱼，从两亿年前的侏罗纪时代起其外形就没有什么变化。六鳃鲨可以长到 5.5 米长，身体延长，前部稍粗大；头宽扁，约为体长的 1/5，因为有 6 对鳃裂而得名。六鳃鲨不仅是深海鲨鱼中的一种，还是不以浮游生物为食的大型鲨鱼之一，它们以硬骨鱼、乌贼或甲壳动物为食。它们可以短时间内改变体色，偷偷靠近游速快的猎物。

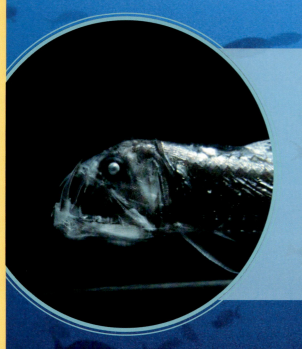

深海晰鱼

　　深海蜥鱼长相酷似蜥蜴。别看名字草率，它们可是深海的顶级掠食者，也是地球上居住最深的顶级掠食者之一。长着长背鳍，靠近尾部的地方有一个短背鳍，这是它区别于属下的另一个物种——尖吻深海蜥鱼的典型特征。它们生活在 1000～2500 米深的海洋中，那里食物匮乏，它们的食谱包含了几乎所有深海鱼，甚至还吃甲壳类、软体类以及死鱼，每一条深海蜥鱼都同时具有雄性和雌性的生殖器，这帮助了它们将繁殖机会最大化。

水滴鱼

　　水滴鱼又叫忧伤鱼、软隐棘杜父鱼、波波鱼，最有特色的地方是长着一副哭丧脸，被称为"全世界表情最忧伤"的鱼。它们生活在澳大利亚和塔斯马尼亚沿岸 600～1200 米的海底，那里的水压比海平面高数十倍，人类很难到达它们栖息的地方。这个地方鱼鳔很难有效地工作，因此水滴鱼浑身是由密度比水略小的凝胶状物质构成的，这可以帮助它们轻松地保持浮力。水滴鱼主要靠吞食面前的可食用物质为生。它们的孵化方式与众不同，雌鱼把卵产到较浅海后便趴在鱼卵上一动不动，直到幼鱼孵出为止。

腔棘鱼

　　腔棘鱼是世界上最古老的鱼类之一，曾经被认为早在 6500 万年前灭绝，但是 1938 年后又开始被人类陆续发现踪迹，从此被称为"恐龙时代的活化石"。腔棘鱼的体型大于多数化石种，鱼体呈纺锤形，全身长有很厚的层鳞，体侧的鳞片可长达 5 厘米，鳞片上还附有小刺，极具杀伤力。它们白天躲藏在 170 ～ 230 米深处的洞窟中，活动范围为 200 ～ 300 米的深海，以其他深海鱼类为食。腔棘鱼的最大寿命约为100 岁，雌性 58 ～ 66 岁才会性成熟，雄性则在 40 ～ 69 岁性成熟，孕期长达 5 年左右。

哥布林鲨鱼

　　哥布林鲨鱼又叫精灵鲨、欧氏剑吻鲨等，生活在水深 200 米以下的海域。哥布林鲨鱼在水中呈黑色，在深海中几乎隐形，避免被天敌猎食。和其他鲨鱼相比，哥布林鲨鱼的肌肉松软无力，身体的其他特征也表明它们行动缓慢。它们身上有感应器，可以用来寻找猎物，然后用强有力的双颚捕猎，一般以硬骨鱼、乌贼、甲壳动物为食。

深海 "居民" 吃什么

　　人类在对大西洋深处进行普查时发现，那里有 2 万多种生物。同样，我国在南海展开调查时发现，这里的深海中也生活着许多生物，如毛瓷蟹、多毛类蠕虫等。深海是一个荒芜的世界，它们是怎么活下来的呢？

鲸的粪便，海洋生物的食物来源之一

　　鲸不仅有着庞大的躯体，还能排出营养丰富的粪便。这些粪便可以释放出氮元素和铁离子，加速浮游生物的生长，从而喂饱海中的鱼类。与此同时，当鲸在深海中觅食时，这些粪便会被带到营养相对匮乏的区域。如此一来，鲸对整个海洋生态系统而言，无疑是一台营养泵，其营养传输的距离可达几千千米。

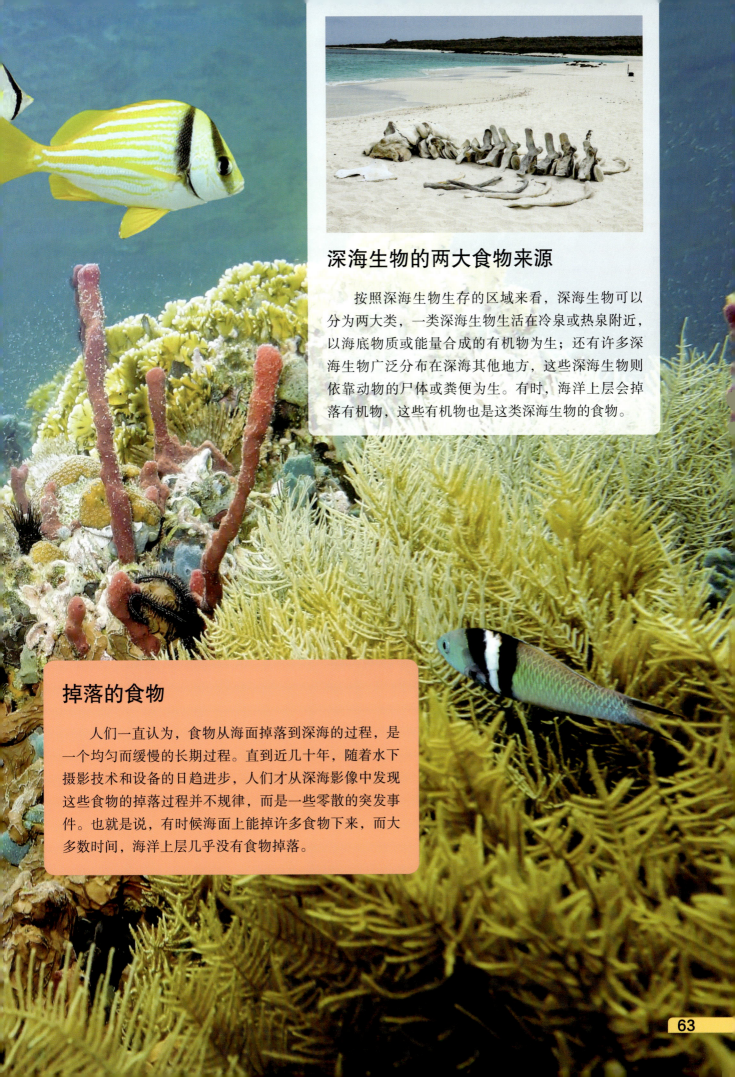

深海生物的两大食物来源

　　按照深海生物生存的区域来看，深海生物可以分为两大类，一类深海生物生活在冷泉或热泉附近，以海底物质或能量合成的有机物为生；还有许多深海生物广泛分布在深海其他地方，这些深海生物则依靠动物的尸体或粪便为生。有时，海洋上层会掉落有机物，这些有机物也是这类深海生物的食物。

掉落的食物

　　人们一直认为，食物从海面掉落到深海的过程，是一个均匀而缓慢的长期过程。直到近几十年，随着水下摄影技术和设备的日趋进步，人们才从深海影像中发现这些食物的掉落过程并不规律，而是一些零散的突发事件。也就是说，有时候海面上能掉许多食物下来，而大多数时间，海洋上层几乎没有食物掉落。

Part 3 奇异的深海生物

海洋中的"肉食主义者"

　　海洋中生活着许多"肉食主义者",它们会根据海洋食物链顺序,高一级动物捕猎低级或同级的动物。当然,也有一些"肉食主义者"喜欢不劳而获——食腐者,它们通过消化海洋动物的尸体为生,在果腹的同时也为海洋生态贡献了一份力量。

杂食性动物和食碎屑动物

　　在海洋中生活着不挑食的动物——杂食性动物。它们不仅吃植物,也吃动物,甚至是水底的腐殖质,如海葵、贝类、水母等。当然,深海中还有一类动物,它们只吃碎屑。它们在海底沉积物中栖息,那里有很多有机碎屑,这成为它们的美味,如海蚯蚓、沙蚕等。

"海雪"中藏匿着美味

在深海中有这样一种奇特的现象：鱼儿在"雪花"中嬉戏。这些"雪花"叫作"海雪"。将它们从海水中捞出来后，你会发现它们没有雪花的形态。那么，它们到底是什么呢？原来，"海雪"是生活在深海中的悬浮物，它们是由海水中的悬浮颗粒、浮游生物、生物排泄物等构成，这些都是深海生物美味的食物。

海洋万花筒

"海雪"之所以可以将各种物质粘连在一起，其实和一种物质有关，它叫作黏多糖。它的黏度非常高，可以将海水中的悬浮物粘连在一起。它们可以随着海水的流动而流动，形成海中"雪花"的壮美景观。

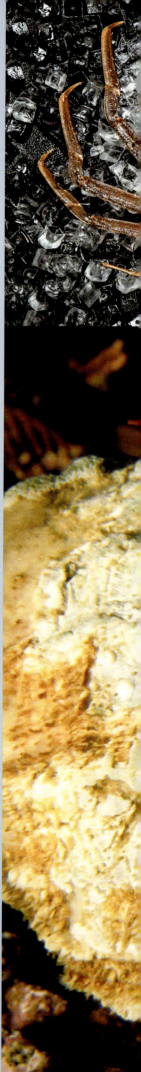

巨口鱼

　　巨口鱼是一种深海鱼，以其狰狞的长相和血盆大口著称。这种鱼是深海中的肉食性动物，主要吃死亡鱼类的尸体、甲壳动物、海洋废弃物以及软体动物。巨口鱼有时也会攻击移动比较缓慢的生物，如海星或海葵等。如果有必要，巨口鱼可以长期不吃东西。这主要是因为它们的新陈代谢比较缓慢，这种特性能让它们在食物匮乏的环境中生存下来。

巨型乌贼

　　巨型乌贼也被人们称为大王乌贼或霸王乌贼，是一种深海生物，生活在水下 200 ～ 1000 米的深海中。巨型乌贼是目前世界上第二大无脊椎动物（最大的无脊椎动物是大王酸浆鱿），体长可以达到 10 米以上。巨型乌贼和巨口鱼一样，都是肉食性动物，主要以海洋中的鱼类和乌贼为食。

犁头鳐

　　犁头鳐的体形扁平，脑袋像一张犁地用的犁，因此而得名。如果从犁头鳐的背部俯视它，会发现它的体形呈三角形。犁头鳐一般生活在深海中，主要吃螃蟹、龙虾或贝类，也喜欢吃乌贼和小鱼。

雪蟹

　　雪蟹又名松叶蟹、津和井蟹、远东海域雪蟹，是一种原产于俄罗斯以及日本周边海域的大型螃蟹，主要分为红眼雪蟹和灰眼雪蟹。雄性的甲幅宽度在 17 厘米左右，雌性甲幅宽度大约为雄性的一半。它们的体色为暗红色，背甲呈三角形，第 2 ～ 4 蟹足与螯足和第 5 蟹足相比较长出很多，有的雄性张开蟹足后有 70 厘米左右。它们生活在水深 50 ～ 1200 米的海底，主要栖息在水深 200 ～ 600 米处。雪蟹为杂食性，偏肉食性生物，主要天敌是人类和大型食肉鱼类。

深海中的寄居蟹

　　寄居蟹也叫"干住屋"或"白住房"，是一种寄居在螺内的生物。现在，世界上已知的寄居蟹有约 1000 种，大部分生活在水中，也有一部分生活在陆地上。寄居蟹的"家"可以是贝壳，甚至是蜗牛壳。深海中的寄居蟹生活在珊瑚礁中，它们以寄生对象的组织为食，也会吃一些深海的小型生物，如蓝眼寄居蟹。

　　巨螯蟹是海洋中的甲壳类动物的代表之一，它们主要以海底的贝类为食，甲类和海藻以及死去的鱼虾，深海底栖的软体动物、巨型乌贼也被其列入食谱。其他的软体动物、海藻也是其捕食对象。

深海探索

💡 **开动脑筋**

巨型乌贼、巨口鱼和巨螯蟹分别吃什么？

_____

_____

五花八门的深海棘皮动物

当人们向你说起棘皮动物时，你可能会感到陌生。其实，对于这种动物，我们一点都不陌生。你在生活中一定见过海参、海星、海胆、海百合……它们的身体表面都长着棘状的突起，它们就是棘皮动物，让我们一起走进奇妙的棘皮动物世界吧！

棘皮动物长什么样子

棘皮动物的体形相对原始，它们是由多个相同部位组成，以辐射状环绕在一个中轴排列而成。你无法找到它们的脑袋和尾巴在哪里。不过，别看它们长得如此"蠢笨"，它们却有着发达的体腔，另外，它们的末端又形成了管足，可以帮助它们运动、感觉、摄食等。不同于其他无脊椎动物，它们的骨板以及皮膜上长着不同形状的棘刺或突瘤，因而得名棘皮动物。

棘皮动物的奇特之处

棘皮动物的奇特之处首先表现在它们的长相方面，它们身上的棘皮长得像"小刺"，其实这些东西是碳酸钙晶体小片。如果棘皮动物失去了这些"小刺"，它们就无法支撑自己的身体。其次，棘皮动物没有头和呼吸、排泄器官。棘皮动物到底用什么呼吸呢？棘皮动物都有管足，它们利用管足移动和觅食。同时，管足的薄皮也可以用来呼吸。

海参，本领极强的"逃生专家"

海参的身体呈圆柱形，十分柔软，乍一看，它们长得很像黄瓜。如果你仔细观察，就会发现海参都长着触角，并环绕在它们的口部。这些触角会帮助它们捕获食物。当然，海参还是一个本领极强的"逃生专家"。当遇到危险时，它们会快速喷射白色的液体，这种液体可以黏住敌人。还有的海参会将自己的内脏抛出来，从而迷惑敌人，不久后会长出新的内脏。即使是身体断成几截，一段时间后，每一截身体都会长成一只完整的海参。

🌊 海洋万花筒

海参又叫作"海黄瓜"，它是棘皮动物中最具经济价值的动物之一。通常，海参分布在沿海以及万米之深的海沟之中。它们的骨骼很小，基本上都是肉。所以，它们没有保护器官，也没有攻击性。虽然它们行动缓慢，无法及时躲避敌人，可是它们有特殊的防御器官——居维氏管。当它们受到刺激时，就会将居维氏管从肛门处排放，居维氏管会释放毒液，从而消灭敌人。

浑身长刺的海胆

　　海胆浑身长着刺，它们没有足类等器官，所以它们的行动十分缓慢，一般在海底岩石或珊瑚上生活。当然，因为海胆浑身长着刺，有些刺还有毒，所以很多海洋动物非常忌惮它们。而一些螃蟹却十分胆大，它们和海胆形成共生关系。这类螃蟹个头小，无力抵御掠食者。于是，它们就求助海胆，一旦在海底遇到危险，海胆就将它们驮在身上，从而向掠食者发起进攻。如此，螃蟹可在海底自由觅食，而海胆也借着螃蟹在海底自由移动。

海百合，海底盛开的"花儿"

　　在深海中，你会看到在坚硬的岩石上开出一种美丽的"花儿"，在细细的茎上有一个绚烂的花冠，它会随着海水的晃动而摇曳，正如盛开的百合花。它们的花冠由体盘和多只腕足组成，体盘又包括了口、肛门以及步带沟，沟内有触手。其实，它们并不是真正的花儿，而是一种古老的棘皮动物——海百合。在 5 亿～ 2.5 亿年前的古生代，海百合就出现在海洋之中。

海星，海中的五角星

当你看到海星时，一定会被它们美丽的外表所迷惑。殊不知，它们美丽的外表下有一颗凶残的心。它们会悄无声息地靠近猎物，随后，它们会用带有吸盘的管足和猎物来一个热烈的拥抱。紧接着，它们将自己的胃从口中吐出来，从而将猎物快速溶解。这是不是很神奇呢？其实，还有更神奇的呢。它们还会"分身术"，如果我们将一只海星撕成几块，将它们再抛到海中，不久后，每一块海星的碎片都会长成完整的新海星。

蛇尾，棘皮动物家族中的大家族

蛇尾是棘皮动物家族中数量最多的成员。据悉，在英国某海底每平方千米竟然有1亿多只蛇尾。这种棘皮动物的运动十分有趣，它们有的遵循1只腕足的方向前进，简单来说，就是1只腕足向前走，其他4只腕足向后退。还有的蛇尾是2只腕足同时前进，其他3只腕足则向后退，蛇尾会顺着2只腕足的中间合力方向行进。

棘皮动物是最高等的无脊椎动物

棘皮动物是无脊椎动物中等级最高的一门。从寒武纪开始，棘皮动物就在海洋沉积物中生活。在我国贵州的凯里发现的始海百合是早期棘皮动物的代表，古生物学家称它们为"地球优秀的先民"。如今，棘皮动物依然在海洋中繁衍生息。

📖 奇闻逸事

海百合一辈子长在海底，它们无法行走。因此，它们时常遭到鱼群的踩踏，或是被吃掉"花儿"，或是被咬断"茎"。曾有一些海百合被咬断茎后，只残留着花儿竟然也活下来了。它们四处漂流，人们将它们称为"海中仙女"，生物学家称它们为"羽星"。它们体内含有毒素，很多鱼儿不敢靠近它们。

Part 3 奇异的深海生物

有关棘皮动物的趣闻

棘皮动物虽然长得丑陋，但是在丑陋的外表下，也会经常闪现出造物主的神来之笔。让我们来看看这些棘皮动物其他有趣的事情吧！

海参的奇妙共生之旅

海参一般在海藻、珊瑚或礁石中栖息。由于它们天生反应迟钝，几乎没有抵御能力。所以，它们会和其他生物共生。在这些共生生物中，隐鱼最为著名。这是一群生活在海洋深处的"隐士"。它们经常会钻到海参体内躲避敌害，因为海参体内不仅安全，还十分舒适，隐鱼在那里乐不思蜀。

海胆竟然是害虫

对大多数人而言，海胆是一种营养价值极高的食材。它们以海底蠕虫、软体动物等为食。而食草海胆主要以各种海草为食。有报道称，澳大利亚东海岸海胆泛滥，海底几乎成为沙漠，严重影响了当地海洋生态系统的平衡。正是如此，海胆便被戴上"害虫"的帽子。

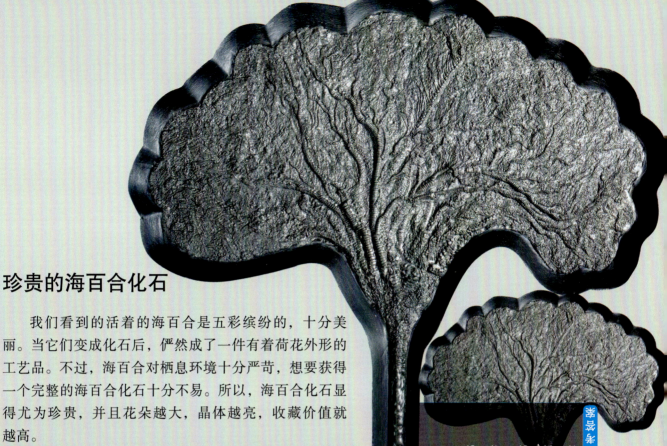

海底探秘

1.×, 2.√, 3.×, 4.×, 5.×

珍贵的海百合化石

我们看到的活着的海百合是五彩缤纷的，十分美丽。当它们变成化石后，俨然成了一件有着荷花外形的工艺品。不过，海百合对栖息环境十分严苛，想要获得一个完整的海百合化石十分不易。所以，海百合化石显得尤为珍贵，并且花朵越大，晶体越亮，收藏价值就越高。

海星有嘴巴吗

海星的嘴巴长在哪里呢？你是不是也有同样的疑惑呢？其实，海星的嘴巴长在它们的身体下面。当你将海星翻过来看时，就会看到海星的步带沟集中在中间的一个点处，这个点就是连接海星的口。海星的口位于体盘的正下方，这无疑为它们捕猎食物提供了便利。

🔧 开动脑筋

请判断下面的说法是否正确，并在括号内打"√"或"X"。

1. 棘皮动物是雌雄同体。　　　　　　（　）
2. 棘皮动物全部生活在海洋之中。　　（　）
3. 海星可用单独的腕足生出完整的身体。（　）
4. 海胆又叫海盘车。　　　　　　　　（　）
5. 棘皮动物是后口动物，毛颚动物是原口动物。（　）

五彩缤纷的珊瑚世界

在黑暗的深海中有一群美丽的小精灵——珊瑚。它们是其他海洋生物的乐园，那里不仅可以藏身，还有很多美味的食物，所以，很多海洋生物喜欢在那里生存。看到这里，你是不是也想深入了解珊瑚呢？

人们第一次发现深海珊瑚礁

20世纪90年代，人们在北大西洋海域第一次发现深海珊瑚礁。当时，人们正在用遥控水下机器人探索，却意外地在苏拉海岭250米深的海域发现了珊瑚礁。这片珊瑚礁绵延13千米，其中一些有35米高，场面壮观极了。

在哪些地方可以看到珊瑚礁

　　大部分珊瑚礁分布在热带和亚热带地区的海山、大陆架等地，全球的珊瑚礁大多集中在东印度洋、加勒比海等。澳大利亚东北的大堡礁是世界上最大的珊瑚礁，它绵延 2000 千米，最宽的地方大约有 160 千米。

珊瑚礁的形成

　　珊瑚虫从海水中吸收矿物质，构成石灰质杯状物来支撑它们柔软的身体。珊瑚虫死后，石灰质骨架仍然存活，而且新的珊瑚虫从顶部不断长出。经过长时间的累积，这些珊瑚虫形成了大片的珊瑚岩，上面覆盖着大量不同种类的活珊瑚，久而久之就形成了色彩艳丽的珊瑚礁，成为成千上万种海洋生物的家园。

海洋万花筒

　　珊瑚虫会分泌一种叫作石灰质的骨骼，它们和树木一样会生长。小小的珊瑚虫发挥着自己的才能，努力将彼此的小房子紧紧挨在一起，即便是不起眼的珊瑚，也是由数不清的珊瑚虫共同组成的。当然，珊瑚虫是珊瑚礁的主要建造者，微生物、海绵、贝壳等也参与珊瑚礁的建设。

Part 3 奇异的深海生物

珊瑚是植物还是动物

当人们第一次见到珊瑚时，会误认为它们是植物。其实，珊瑚不是植物，而是一种动物。它们有着简单的身体构造。它们的嘴巴可以进食，也可以排泄。因为它们似乎不会活动，外形和珊瑚丛相似，所以人们会误以为珊瑚是植物。这下你明白了吧，原来珊瑚是一种有生命的低等动物。

深海珊瑚吃什么呢

在热带，珊瑚可以利用共生的藻类通过光合作用产生的能量维持生命。可是，在深海之中生长的珊瑚，没有和它们共生的藻类，它们只能靠自己捕食。当我们仔细观察深海珊瑚时，就会发现它们的触手上有刺囊细胞，深海珊瑚利用它们捕食，它们的食物包括浮游动物、有机质碎片等。

奇闻逸事

人们曾在澳大利亚东南部海岸发现彩色的荧光珊瑚——成百上千红色、蓝色、绿色的珊瑚生长在一起。科学家表示，只有在海洋深处才能看到泛着红光的珊瑚，一般浅海区域是很难看到的。科学家对此展开研究，认为这些发出荧光的珊瑚或许可以帮助人们应对全球气候变暖的问题。

为什么有的珊瑚礁是环形的

在浩瀚的热带海洋上，人们从飞机上可以看到露出水面的珊瑚礁，有马蹄形、椭圆形，还有环形的。环形的珊瑚礁叫作环礁。环礁四周是深海，中央会出现10米之深的"潟湖"。对于环礁的形成，达尔文认为，海底火山爆发会形成火山岛，这种火山岛会冒出海面。珊瑚虫可能会在此生活，进而造出环形的珊瑚礁。当火山岛下沉到海面以下后，珊瑚虫便自行建造，如此就形成我们所见的环礁。

珊瑚礁有多重要

珊瑚礁被称为"海洋中的热带雨林""蓝色沙漠中的绿洲"。珊瑚礁生态系统有生物多样性、快速的物质循环等特点。珊瑚礁的海—陆—空三维结构，使它们和天文、生物、物理、考古等学科息息相关。珊瑚礁和人类的生存密不可分，在未来，它们依然是人类研究的热门。

海洋万花筒

深海珊瑚之红珊瑚

珊瑚作为一种水生动物，广泛生长在温暖洁净的水域中，水深一般在30米左右，最多不超过70米。那么，是否所有的珊瑚都生长于浅海水域呢？当然不是，其实深海也有珊瑚，最有名的就是红珊瑚。红珊瑚生长在水深200～2000米的大海深处，呈树枝状，生长速度缓慢，自古以来就是珍稀的宝物。

深海珊瑚礁亟待拯救

随着全球气候变暖、海洋酸化，越来越多的深海珊瑚礁受到威胁。另外，由于各种鱼类、螃蟹等在珊瑚礁中栖息，人们利用卫星定位系统等设备很轻松地就能找到珊瑚礁。人们在捕捞海洋生物的同时，也对深海珊瑚礁造成了不可逆转的伤害。深海珊瑚的生长十分缓慢，一旦破坏，将难以恢复。

红色珊瑚花园

在科西嘉岛沿岸的斯坎多拉海洋保护区有一片红珊瑚。当然，这不过是冰山一角，在地中海深处还蕴藏着更多的红珊瑚。

人们第一次发现红珊瑚

当人们在科西嘉岛沿岸的斯坎多拉海洋保护区考察石斑鱼时，意外发现了一个洞穴。这个洞穴中的水极浅，却长满了密密麻麻的红珊瑚。红珊瑚个体从崖壁和崖顶伸出红色的分枝，像水螅体一样在水中挥舞着，滤出藻类、浮游动物。红珊瑚周围不时会游出各种鱼儿，四周被海绵聚拢着。

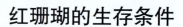

红珊瑚的生存条件

红珊瑚一般在比较洁净的海水里生活。这是因为受过污染的海水盐度比较低，会影响红珊瑚的呼吸和取食。此外，低温和低光照的海水对红珊瑚的生长最好。在地中海，红珊瑚最适合在温度为10℃的海水中生长。

采摘珊瑚是非法的

在过去，人们采摘珊瑚会使用"圣安德鲁十字架"——在笨重的十字架上包上一层网。当金属拖拉网从珊瑚丛中经过时，对珊瑚而言，无疑是致命的打击，使整座珊瑚礁毁于一旦。1994年，上述行为被视为非法。即便现在人们用水肺潜水的方式采摘珊瑚也是非法的。

深海红珊瑚的生长现状

深海红珊瑚长到巴掌大小需要经历 300 ～ 400 年，所以，时间和恢复力并不能让脆弱的红珊瑚群生存下去。不过，有资料显示，在地中海生存的红珊瑚依然处于原始状态。这或许是人们得到的最大安慰。未来，人们需要加大对深海红珊瑚的保护，让它们能够在自然中永存。

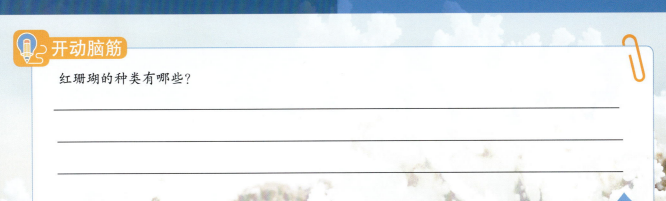

开动脑筋

红珊瑚的种类有哪些？

_____

_____

_____

_____

Part 3 奇异的深海生物

"穿装甲"的甲壳动物

在深海之中有这样一群"勇士"，它们身披铠甲、构造迥异，生活在万米之深的海沟之中，有的甚至藏在海底的泥沙之中……你猜出它们是什么了吗？它们就是深海甲壳动物。

你知道什么是甲壳动物吗

甲壳动物因身上披着厚厚的"铠甲"而得名。世界上的甲壳动物种类繁多，有虾类、蟹类、钩虾、介形亚纲动物等。大部分甲壳动物在海洋中生活，少部分甲壳动物在淡水或陆地上生活。它们分布广泛，大小悬殊，小到米粒大小，如恶魔铁甲虫；大到可长到 3 米长以上，如巨螯蟹。

甘氏巨螯蟹，最大的甲壳类动物

世界上现存最大的甲壳类动物是日本的一种巨蟹——甘氏巨螯蟹。如果将它们的腿伸展开，最长可达 4.2 米，体重 20 千克。在日本岩手县和我国台湾地区东北角的北太平洋海域都可以发现它们的踪影。它们以各种鱼类、螃蟹等为食。这是一种群居性海洋生物，它们以螯钩打倒对手，从而决定自己在种群中的地位。

卡氏折尾虾，一种长得像蟹的虾

2012 年，人们在西班牙加利西亚的深海之中发现一种虾——卡氏折尾虾。这种深海虾生活在 1410 米深的海水之中。乍眼望去，你会误以为它们是一种蟹，因为它们和蟹长得非常像。

🌊 海洋万花筒

甘氏巨螯蟹是巨螯蟹的一种，因为它们主要生活在日本周边的海域，所以又称为"日本蜘蛛蟹"。它们的体型十分巨大，两只蟹钳展开后竟然有 4.2 米，相信人们见到它们后一定会吓得连滚带爬地逃走。更有趣的是，鲨鱼遇到它们之后也可能小命不保。你一定好奇，鲨鱼是海洋中的霸主，它们怎么会怕区区的蟹类呢？这和甘氏巨螯蟹灵活的蟹钳有关。

甘氏巨螯蟹真的是"杀人蟹"吗

甘氏巨螯蟹还有一个英文名字叫"Dead Man Crab",人们将它翻译成"杀人蟹"。听到这里,你是不是对它们产生畏惧之情呢?其实,截至目前,并没有关于甘氏巨螯蟹攻击人类的报道。可见,关于甘氏巨螯蟹是"杀人蟹"的说法是不准确的。

甘氏巨螯蟹也会迁徙

尽管在日本海域中生存着大量的甘氏巨螯蟹,但它们可不是当地的"原住民"。它们之所以聚集在日本海域,和它们迁徙的习惯有关。在过去,人们曾见过甘氏巨螯蟹迁徙的画面:只见密密麻麻的甘氏巨螯蟹从海底爬过,虽然有时它们彼此之间会叠加在一起,但它们依然会努力朝着迁徙目的地前行!

奇闻逸事

甘氏巨螯蟹的平均寿命有100岁之久,它们之间有雌雄之分,不过一般人看不出来。另外,它们有着红色的"外衣",就好像被蒸煮过一样。据说这种螃蟹的肉质十分美味,它们大多生活在100～500米的深水中,很难被端上人们的餐桌,这也算是这种螃蟹的幸运吧!

像来自外星球的定居慎戒

你瞧，它们像不像一只透明的"虾"呢？它们是一群深海精灵——定居慎戒。远远望去，它们看起来像被装进一只透明袋子里的小虾。雌性定居慎戒的头部比雄性的长。

定居慎戒的生存之道

定居慎戒在凶险的海洋世界中没有逃避，它们选择了反其道而行。它们将自己一览无余地展现在捕食者面前，试图从它们视野中逃离。另外，雌性定居慎戒还会捕食一种透明的无脊椎动物——樽海鞘。它们会将樽海鞘的内脏吃掉，然后在它们体内产卵。

定居慎戒，最大的海生浮游生物

定居慎戒是世界上最大的海生浮游生物。从海洋深渊层到海洋表层，从热带到两极，人们都能看到它们的踪迹。定居慎戒体内富含海水，它们的身体呈球形，可以让它们更好地在海水中浮游。

Part 3 奇异的深海生物

深海水虱

深海水虱是一种体型巨大的深海甲壳类动物。在深海这样缺乏营养物质的环境里，深海水虱可以长时间不吃不喝（5年以上），可它的体型却非常巨大，这引起了人们的注意。科学家们经过研究发现，深海水虱拥有一个巨大的胃，胃的体积占全身体积的2/3。此外，深海水虱还有一个名叫脂质体的器官，用来存放身体里的有机物。

我们熟悉的甲壳类动物是螃蟹

深海水虱的基因密码

2022 年 6 月，中国科学院的科学家对深海水虱的基因组进行了研究和破译。人们在研究中发现，深海水虱的基因组中存在许多和生长相关的信号通路。这些信号通路中的基因发生了显著扩张。这说明深海水虱之所以会有这么大的体型，可能和它体内强化生长的相关基因信号通路有关系。

"超级大个子"，一种新的甲壳类动物

人们在新西兰海域 7000 米深的海底发现了一种新的甲壳类动物，并将它归入片脚类，称它为"超级大个子"。大多数的片脚类的长度在 2 ～ 3 厘米，可是最新发现的这种片脚类竟然长达 34 厘米。这犹如发现一只 3 米长的蟑螂一样让人感到惊讶。对于这样的生物，我们由衷地感到敬佩，它们生活在海沟的底部，为深海点缀着生机。

用甲壳动物制作塑料袋

一直以来，人们都在提倡减少塑料袋的使用，从而降低塑料废弃物给环境带来的危害。如今，有人研究出用甲壳动物制作可降解的塑料袋，不仅可以降低普通塑料废弃物带来的环境问题，还能充分利用食品加工过程中的甲壳动物的废弃物，提高资源利用率。当然，这种甲壳动物制作的塑料袋价格相对昂贵，但它们的发展空间却非常大。

为什么甲壳动物加热会变红

当人们将青灰色的螃蟹或龙虾蒸过之后，它们的外壳就会变成红色。你知道这是为什么吗？其实，活着的甲壳动物的壳内富含虾青素，当它们进入动物壳之前会和一种蛋白质结合。人们将它们加热后，虾青素被释放，壳就变成了红色。

开动脑筋

深海甲壳动物有什么特点？请举例说明。

_____

_____

_____

怪物般的头足类动物

　　提到头足类，你可能会有点陌生。但是，换一种说法，头足类是一群"长着很多触手，可以喷墨汁"的海洋生物。相信你一定会恍然大悟，如乌贼、章鱼……它们都是头足类的典型代表。

走进头足类的世界

　　头足类是一群古老的动物，其中不少种类已经灭绝了，如菊石等。当然，即便如此，在海洋中还活跃着很多种头足类，它们分布在4000多米的深海之中。头足类的身体主要分为3部分：头、颈、躯干。通常，头足类是雌雄异体，两者大小相差不大。

可爱的小飞象章鱼

你知道小象丹波吗？它是迪士尼动画片中的"小飞象"。在大西洋的深海之中生活着一种长得像小象丹波的小飞象章鱼。它们是一种非常可爱的头足类动物。这群可爱的小家伙们浑身长着"小耳朵"。这些"小耳朵"也是它们的鳍。另外，小飞象章鱼的触手上长着发光器，这是它们保护自己的利器。

小飞象章鱼奇特的发光器

小飞象章鱼触手上的发光器能帮助它们寻觅食物，乃至保护它们。当小飞象章鱼的发光器发光后，一部分小型甲壳动物会受到吸引并靠近小飞象章鱼。等到它们靠近后，小飞象章鱼就会分泌一种黏液，将猎物困在身边，然后慢慢享用。如果有危险时，它们会让所有的发光器发光，试图借此赶走敌人。

🌟 海洋万花筒

大部分的大王乌贼生活在北大西洋以及北太平洋的深海中。它们有着直径约为35厘米的大眼睛，还有粗壮的"手臂"——触手。当然，这也是它们的利器。抹香鲸在深海中几乎没有天敌，可是当它们遇到大王乌贼时，难免要经历一场生死搏斗。所以，当你看到抹香鲸身上留有圆形伤疤时，那它们很可能刚被大王乌贼"教训"了一番。

吸血鬼乌贼是乌贼吗

当你听到"吸血鬼乌贼"时，会不会联想到一只庞大的乌贼，它们吞咽着血淋淋的海洋动物？其实，吸血鬼乌贼并不是乌贼，当然，它们也不是章鱼。那么，它们是什么呢？原来，它们是一类小型深海头足类动物，还有一个别称叫幽灵蛸。它们长着8条触腕、2个鳍。吸血鬼乌贼过去在浅海生活，后来为了躲避猎食者而藏匿在1000多米的深海中。

吸血鬼乌贼可谓游泳健将，它们利用肥大的鳍以及触腕在水中过着"飞行"般的生活。

吸血鬼乌贼真的是"吸血鬼"吗

吸血鬼乌贼真的很恐怖吗？其实不然，它们是因触腕上长着像钉子一样的尖牙而得名。虽然它们的名字和外貌让人感到害怕，但它们并没有想象中那么可怕。最新研究表明，吸血鬼乌贼可以清理海洋中的垃圾，它们用卷丝捕获海洋中的碎屑和幼虫的粪便等。

吸血鬼乌贼能控制发光

吸血鬼乌贼全身布满发光器，它们可以随心所欲地控制"开关"把自己点亮或熄灭。吸血鬼乌贼会利用光来引诱猎物，但同时也会吸引到凶猛的捕食者。当感知到危险后，吸血鬼乌贼就会把发光器官逐渐缩小，停止发光并与漆黑的深海融为一体，从而逃过敌人的攻击。

大王酸浆鱿，深海中的巨无霸

大王酸浆鱿栖息在南极大陆周边的深海中，它们的体长约 10 米，不过腕足短于体长。它们的眼睛有足球一般大，可是它们的脑袋却异常小，大约只有 30 克重。它是同科动物中最大的一种，也是世界上最大的无脊椎动物。它们的生命力非常旺盛，可是生命却很短暂，大约只能在海洋中存活 450 天。它们的腕足上长着锋利的倒钩，可帮助它们捕食。

小猪鱿鱼

小猪鱿鱼的体长只有几厘米，身体娇小柔软，呈椭圆形且透明，经常以倒立的姿势在水中游动，眼睛向上看，朝上的触手就像小猪头上的一圈毛发，因为外形看起来非常像从卡通书中跑出来的小猪，因此被称为小猪鱿鱼。它们主要生活在水深 200 ～ 1000 米的地方，喜欢隐藏在珊瑚、海草和其他底栖物体的附近，以捕捉小型甲壳动物、小鱼和浮游生物为食。

和章鱼有关的趣闻

人们对章鱼并不陌生，关于它有很多趣闻！例如，章鱼为什么如此聪明？章鱼竟然会做梦？……

为什么章鱼的血是蓝色的

章鱼可能是世界上最早的"蓝血人"。它们之所以能在海洋中顽强生活，正是因为它们的血液。它们血液中的血蓝蛋白可以让血液变成蓝色，这些血蓝蛋白是一种含有铜原子的蛋白质，可以让章鱼在极端恶劣的环境下生存。另外，章鱼有 3 个心脏，血蓝蛋白可以为章鱼稳定地供氧。

章鱼会做梦吗

当提到"做梦"一词时，大部分人会联想到人类，因为人是会做梦的。那么，问题来了，章鱼会做梦吗？科学家研究发现，睡眠中的章鱼会快速转动眼睛。至于章鱼到底会不会做梦，科学家依然在研究之中。

睡觉的章鱼，竟然会变色

当章鱼睡着的时候，它们的皮肤颜色会发生变化。一开始是珍珠白，一段时间之后又会变成灰色的斑纹，再过一段时间，皮肤上会出现棕色的斑点。最终，它们的皮肤又变回珍珠白。在这段时间内它们一直在睡觉。

章鱼为什么这么聪明

当你看到章鱼打开水族缸的开关后，有没有被震惊到呢？不得不说，它真是一种聪明的生物。有研究表明，章鱼可以自行编辑自己的基因，从而学习新技能。可是，如果章鱼这样做，它们的演化将会变得无比缓慢。那么，章鱼什么时候可以自行编辑基因？又受什么影响？科学家表示，或许原因比较简单，如温度变化、某种经验或记忆。

会变色的章鱼，竟然是色盲

章鱼会变色的根本原因在于它们体内有一种叫作色素的细胞，这种细胞通过膨胀、收缩从而改变章鱼体表的颜色。有趣的是，章鱼是色盲。而章鱼体内有红色色素细胞和白色色素细胞，它们可以调整章鱼的色素细胞。另外，章鱼可以通过改变自己的体色，躲避猎食者的捕猎。

用策略捕食的大太平洋条纹章鱼

大太平洋条纹章鱼相比其他章鱼少了一些攻击性，一般章鱼见到猎物后会发起猛烈的攻击，它们会将猎物引诱到可捕猎的范围，然后向猎物猛扑过去。而大太平洋条纹章鱼的捕食方式非常古怪，当它们发现虾时，会伸出一条触手，轻轻敲击虾的后背，受惊吓的小虾会自己跑到它们的触手中，大太平洋条纹章鱼就以这种方法捕获到猎物。

💡 开动脑筋

章鱼为什么能变色？

_____

_____

_____

它们具有一种叫作色素的细胞，这种细胞通过膨胀、收缩从而改变章鱼体表的颜色。

光怪陆离的海底世界

　　对生物界而言，发光是最普遍的现象。能够发光的生物数不胜数，从低等细菌到高等的脊椎动物身上都能看到发光现象。而海洋是发光生物的天堂，尤其是大洋深处，发光生物是那里的主要光源。如果人们潜入海底，将会目睹一种光怪陆离的景象，那里简直像"海底龙宫"一样美妙。

海底发光的生物都有什么

　　在海底发光的生物不仅有各种鱼类、虾类、水母，还有各种章鱼、乌贼等头足类动物。当然，还有一些海洋节肢动物、棘皮动物、细菌、藻类等。其中，藻类大多生活在浅海，其他种类则可以在深海中看到。

深海生物发光的原理

　　海洋生物发光的过程是化学反应的过程。简而言之，整个发光过程伴随着一系列化学反应，即海洋生物产生的荧光素在荧光素酶的催化作用下，进而和 ATP 提供的氧气及能量发生反应，从而释放光能。

深海生物会发出什么颜色的光

　　大部分海洋发光生物发出的光主要是绿光和蓝光，而且蓝光要多于绿光，这是因为蓝光的短波在水下可以传到更远的地方。另外，红光波长较长，在水中很难反射，看起来就像黑色一般。这也解释了为什么大部分深海生物看起来是红色的，这让它们多了一层保护色。

海洋万花筒

　　大部分深海生物是红色的，如报警水母、深海章鱼等，因为红色在深海中和黑色并无区别。事实上，在深海中，发光生物还会发出紫光、粉光等，但这些光少之又少。正是如此，大部分深海生物只能看到蓝光和绿光，却缺乏辨别黄光、橙光等的能力。

Part 3 奇异的深海生物

好看的玻璃乌贼

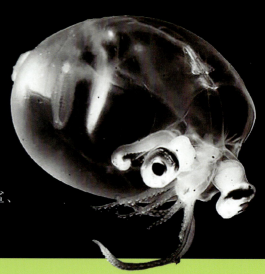

　　玻璃乌贼是一种深海头足类动物，它们有着透明的身体，并且可以将自己滚成一只水生刺猬。想要找到它们的踪迹，你需要前往南半球的深海之中。它们是一群聪明的家伙，当它们进行捕食时，会用自身发光来吸引猎物靠近自己。一旦猎物靠近，它们会快速地用触手将对方牢牢吸住。当然，在深海中，玻璃乌贼也有很多天敌，如小丑鲨、鲸等。

长着巨大嘴巴的巨喉鱼

　　巨喉鱼的名字中虽然有一个"巨"字，但它们的个头却不大，只有 7～10 厘米长。它们全身漆黑，有着像长鞭子一样的尾鳍，身上长着很多发光器。它们每天都会张开巨大的嘴巴，用身上的发光器吸引好奇的小生物进入嘴巴中，然后吃掉。它们生活在约 2000 米深的海洋中，可见它们的生命力之顽强。

奇闻逸事

　　世界上有一种唯一可以食用的发光海洋生物——萤火鱿。它们的体型较小，大约只有 7.6 厘米长，它们有 8 条触腕以及 2 条触足。在每条触腕末端都长着一个发光器。每年的 3—6 月，它们会前往日本的富山湾产卵。如果你在这个时间段前往那里，就会深深地迷上那个被蓝光点缀的海岸。

约氏黑鲸"黑魔鬼"

在深海中，有一种被人们称为"黑魔鬼"的生物，它就是约氏黑鲸。它们在 2000 米深的水域活动，是一种丑陋无比的家伙：大大的嘴巴、又长又锋利的獠牙。不仅如此，如果你看到它们的身体，一定会疑惑，这难道不是一个篮球吗？对于雌性约氏黑鲸而言，它们的第一背鳍的一部分演化成钓线，那里有一群共生发光细菌，远远望去就如同一个灯泡。如此一来，可以吸引各种鱼类，使它们成为"黑魔鬼"的美味。

美洲大赤鱿，海中的"电灯泡"

在太平洋 460 米深的海域中生活着一种和人类一样大小的生物——美洲大赤鱿。这种生物种群彼此互不干扰。它们主要以灯笼鱼为食。科学家发现，美洲大赤鱿可以在黑暗的深海中利用发光器官交流。它们通过改变自身肌肉的发光器官，进而改变自身皮肤的色素，从而创造出背光，进一步和同伴沟通。

鮟鱇，深海诱捕大师

鮟鱇的头顶长着一个突出物，它可以分泌一种液体，从而吸引一些发光细菌在那里安家落户。鮟鱇就用发光细菌发出的光诱惑趋光性的猎物上钩，不得不说，鮟鱇是深海中的诱捕大师，它们聪明极了。

裸海蝶

　　裸海蝶不是水母，也并非萤火虫，而是生活在北冰洋及南冰洋寒冷深海中的一种浮游软体动物，它们雌雄同体，长度只有人类小指一节的大小。因为它们通体透明，游动时透明的两翼拍动着，很像传说中的天使，再加上透明的身体中央长着一个红色的消化器官，因此又被称为"海天使""冰之精灵""冰海精灵"等。裸海蝶是肉食性动物，主要以捕捉浮游性小卷贝为食。

桶眼鱼

　　桶眼鱼长相奇特，有一个透明的脑袋和一双管状的眼睛，因此也被称为管眼鱼。它们生活在深海中，分布于全球各大洋的深海区域，这里一片漆黑，阳光很难照射进来，它们主要依靠灵敏的管状眼睛搜索头部上方的猎物。桶眼鱼经常游于管水母的下方，在看到管水母用触手捕捉到食物后，桶眼鱼就会向上快速游去，从管水母手中夺取食物。桶眼鱼还有一种非常特别的生物发光能力，能够在深海中捕食和通信。

警报水母

　　警报水母是一种能够发出绚丽光彩的漂亮水母，通常生活在深海中。警报水母之所以身体能发光，是因为其浮囊体是由几十个细的同心环和几十条放射肋组成，其内部还有辐射隔片，充满了气体。警报水母身体发光不仅是一种美丽的景象，同时也具有一定的防御和攻击作用，当它们的生命受到威胁或者被攻击时，身体就会释放这种独特的蓝色光芒信号，这种信号不仅是对周围生物的一种警告，同时也能有效吸引猎物。

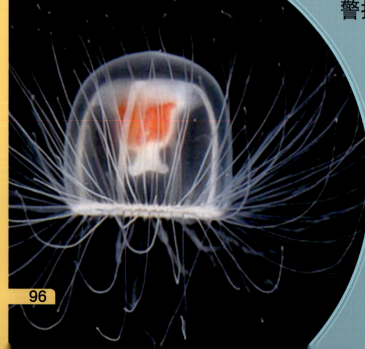

斧头鱼

　　斧头鱼是深海中的星光鱼科和淡水中的胸斧鱼科两个不同种的斧头形鱼类的统称。斧头鱼的体形侧扁而高，尾部比较细小，形状像一把斧头，因而得名。星光鱼科的斧头鱼生活在水深1000米左右的海域，它们的体长不会超过10厘米，其身体侧面分布有发光器，即使在伸手不见五指的深海中，微弱的光芒也能够让斧头鱼的身影出现在捕食者的眼中。同时，斧头鱼可以调整自己的发光亮度以适应周围的光线，这样就可以隐去自己的身影以躲避捕食者的攻击。

为什么深海生物会发光呢

　　读完关于发光的深海生物的趣事后，你是不是很好奇，它们为什么会发光呢？是为捕食、照明，还是为吸引异性？让我们一起探索深海生物发光的奥秘吧！

深海生物发光是为照明

　　我们都知道深海一片漆黑，所以，不少深海生物通过发光为自己"照亮"四周。例如，体型娇小的隐灯鱼的眼睛下方长着一对发光器，这对发光器呈半月形，所发出的光大约可以照射 15 米之远。隐灯鱼可以自行打开或关闭自己的发光器。看到这里，你是不是也很诧异呢？

深海生物发光是为了吸引异性

　　深海生物发光更是为了吸引异性，如深海鱼类、章鱼等，在交配的季节中，它们会通过发光吸引同类异性，从而更好地"约会"。例如，雄性柔骨鱼的眼睛后面的发光器比雌性柔骨鱼的大很多，这无疑证明了发光器是雄性柔骨鱼示爱的重要"利器"。

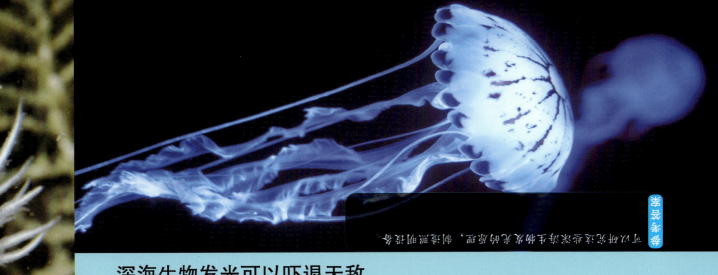

可以使这些深海生物发光，则有赖于说……

深海生物发光可以吓退天敌

深海鱼类、水母等在遇到天敌时会产生光幕或光雾，从而达到遮天蔽日的效果，为自己争取逃脱的绝好时机。更有趣的是，深海生物遇到危险时，会向天敌释放一种发光黏液。如此一来，天敌也会"发光"，这样天敌很容易为自己招来敌人，不得不放弃对发光生物的捕食。

深海生物发光是为了捕食

不少深海生物发光是为捕食，它们利用光作为诱饵，从而让猎物靠近，如鮟鱇、深海龙鱼等。鮟鱇嘴巴上方有一个类似钓鱼竿的发光器官，而深海龙鱼也有一个类似钓鱼竿的发光装置，不过却位于颚下。

深海生物用发光识别同类

在漆黑的深海之中，发光的鱼类会利用生物发光现象，进而识别自己的同类。另外，不少鱼类有着别致的发光器官，例如，灯笼鱼的发光器官在腹部，有的鱼类的发光器官在身体的两侧……这样，它们的身体就能发出独特的光点，从而帮助不同生物种群进行识别和交流。

奇闻逸事

你知道吗，在深海中还有会发光的鲨鱼！它们是风筝鳍鲨、黑腹灯笼鲨和南方灯笼鲨，它们是 2020 年 1 月在新西兰东海岸的查塔姆高地海域中被发现的，生活在水深 200 ～ 1000 米的深海中。其中，风筝鳍鲨是目前已知最大的深海发光生物，它可以长到 1.8 米长。

开动脑筋

深海发光生物给你带来什么启发呢？不妨说一说吧！

_____

_____

"武艺高超"的深海生物

　　深海环境不仅寒冷，还十分恶劣。随着海水深度的加深，那里的水压也变得更大。即便如此，那里还是生活着一群"精灵"，它们用各种"武艺"对抗深海的极端环境。

深海之下的水压

　　如今，深海对人类而言依然是一块神秘之地。人类可以"上天"，但却难以"下海"。人类想要下海最关键是要克服水压。随着海水深度的增加，人类的生命就会受到威胁，因为每增加 10 米，就会加大 1 个大气压。在 2500 米深的海中大气压为 250 个大气压。或许你无法理解 250 个大气压到底是多大，那么，请你想象一下，一头大象踩在一个脚趾头上的压力有多大。即便如此，在深海中，依然有生物过着悠然自得的生活。

软骨和胶质的作用

人类拥有坚硬的骨骼和强健的肌肉，可它们在深海里会变得脆弱不堪。深海生物之所以能在高压下生存，自然不是因为它们拥有坚硬的骨骼和强健的肌肉，而是由于它们拥有软骨和非常柔软的胶质。这些柔软的骨头和胶质几乎占据了深海生物全身，使它们能够在深海的高压下生存。

深海生物与众不同的细胞

大多数动物的细胞膜的主要成分是磷脂。对深海的高压环境来说，这些磷脂太过僵硬，所以，许多动物一旦进入深海，它们的细胞就无法适应那里的环境，这是大多数动物无法在深海存活的原因之一。深海生物的细胞由更多不饱和脂肪酸组成，它们的细胞膜则由相对流动的血脂构成，因此深海生物能够在深海里生存。

海洋万花筒

鱼鳔，经常被人们俗称为鱼泡，是鱼身上的一种重要器官。鱼鳔可以作为鱼在游泳时使用的"游泳圈"，可以让鱼在水中保持不沉不浮的稳定状态。深海鱼的鱼鳔退化了，但这反而能让它们更适应深海的生活。

Part 3 奇异的深海生物

各显神通的捕食方式

在深海中，由于食物匮乏，深海生物练就了各自独特的捕猎方式。例如，多毛雪蟹以自己身上的细菌为食，它们在自己的蟹爪以及身上长毛的地方培育共生菌，一旦食物匮乏，它们就会从中寻找食物吃。南极纽虫的捕食方式更让人惊愕：它们将自己的嘴巴翻过来，还可以拉很长，看起来就像是大肠一般。掠夺性海鞘长着像嘴一样的器官，它们不仅可以过滤海水，还能捕食，当小型生物游过这个器官时，它们会迅速关闭器官。

深海生物稀奇古怪的眼睛

深海生物常年生活在黑暗的世界中，这让它们的眼睛变得稀奇古怪。印度洋中有一种叫作巨尾鱼的深海鱼，它们的眼睛像望远镜。褶胸鱼科、银斧鱼属中的鱼儿们的眼睛可以发光，如此一来，可提高它们对光的敏感度。鞭尾鱼有探照灯一样的大眼睛，能觉察海底发出的微弱的光。

奇闻逸事

在西里伯斯海中，人们捕获了一种奇特的鱼——须鱼䲁。它们的头很大，在头下方有一个类似马蹄一样的嘴巴。它们将嘴巴当作铲子用，从而在海底泥沙中翻找食物。在它们的脑袋后面有一个小小的身体，身体后面长着一条长长的尾巴。更令人震惊的是，人们竟然在它们的皮肤深处发现了几只眼睛。

深海生物简单的体色

相比浅海生物，深海生物的体色相对简单，它们大多以灰黑色为主。有一部分深海生物因色素减少，从而变成白色或透明色。当然，即便是这种简单的体色也都经过了千万年的进化，从而使深海生物更好地适应深海中的恶劣环境。

长有"脚"的深海生物

你知道吗？有些深海生物竟然也长着"脚"。巨型海蜘蛛生活在3000米深的海底，它们用8只长长的"脚"走路。深海海参用酷似"脚"的触须支撑着自己，活脱脱像一只迷你猪。这还不算稀奇的，深海中竟然还有长着"脚"的鱼！深海三脚架鱼的三只"脚"，可以让它们稳稳地站在海底。

深海鱼的不断进化

对深海鱼而言，视力退化影响它们觅食。因此，它们身上长着很多发达的突起，如触须、鳍条等。这些突起可以帮助它们觅食。另外，不少深海鱼为了获得更多的食物，会尽可能地"武装"自己：尖锐的牙齿、巨大的嘴巴、松动的颌骨……

Part 3 奇 异 的 深 海 生 物

有"特异功能"的深海生物

深海生物大多有着匪夷所思的"特异功能"。这些"特异功能"源自它们对深海环境的适应，让我们继续探秘吧！

隐形超黑鱼的"伪装术"

在深海鱼类中，有一些鱼身上有一种特殊的超黑皮肤。即使在光线的照射下，它们都能将自己隐藏起来，如狼牙鱼等，它们可以将照射到身体上的99.5%的光线吸收掉，因此具备了超强的伪装技能。太平洋黑鱼可以通过将超黑皮肤伪装和生物发光相结合，以便更好地捕食。

月鱼，人类发现的第一条温血鱼

在过去，人们一直以为只有哺乳动物、鸟类是温血的，而爬行动物、鱼类、两栖动物则是冷血的。其实不然，人们在冰冷的海洋深处发现了一种温血鱼类——月鱼。它们全身银白色，有着像盘子一样扁平而圆的体形，它们的嘴巴里没有牙齿，鳍里没有刺。温血让月鱼的反应更敏捷，视力更敏锐。它们可谓出色的捕猎者。

浮出水面就"融化"的鱼

科学家在探索阿塔卡马海沟时，发现了深海狮子鱼的新物种，它们能在深海中生活，一旦从那里被捕捞出来，就会快速融化。这是为什么呢？原来，它们除了牙齿和内耳中的小骨是坚硬的，其他部位都是湿软的胶状物质，如此才能承受深海的高压。一旦没有极端压力和寒冷维持，它们的身体就会变得无比脆弱，乃至融化。

眼睛会变色的深海鱼

在深海中生活着一种鱼，人们称它们为三鳍鱼的特殊物种，它们拥有其他鱼类不会的"技能"。这种鱼可以用眼睛重新引导海里的光线，也可以改变光线的颜色。它们这么做，是为了在捕捉猎物时更方便。

皇带鱼，世界上最长的硬骨鱼

皇带鱼俗称龙宫使者、龙王鱼等，它们是一种深海洄游鱼类，生活在水深 200～1000 米处，有着世界上最长的硬骨，体长 11 米左右，体重 150 千克左右。目前，没有证实的皇带鱼体长的最长纪录为 17 米左右。相传，皇带鱼可以预测地震，并且会互相残杀，但都没有得到证明。

开动脑筋

哪种深海鱼浮出水面后会快速融化？

_____

_____

_____

Part 4
深藏于海底的矿产

深海中不仅有鲜活的生命，还有很多人类需要的矿产资源，如深海可燃冰、深海金矿、锰结核、富钴结壳……这些都是世界各国需要的资源。

可燃冰，大自然的恩赐

　　提到"冰"字，你会想到什么呢？是不是冬日里在外面放着的水桶结冰了？今天，我们要讲一讲和"冰"有关的物质。它们和一般的冰可不一样，它们叫作"可燃冰"，你知道可燃冰是什么吗？

什么是可燃冰

　　可燃冰的学名叫"天然气水合物"，是天然气和水在高压低温条件下形成的类冰状结晶物质。它的外形酷似冰雪，可是遇火就能燃烧，故又名"固体瓦斯""气冰"等。可燃冰分解成气体后，其甲烷含量为80% ~ 99.9%，所以，它又被叫作"甲烷水合物"。

可燃冰的形成大揭秘

可燃冰的形成需要满足 4 个条件：低温、高压、气源、水。可燃冰在 0 ~ 10℃ 的温度下形成，一旦温度超过 20℃ 就会分解成气体，而海底温度大都在 2 ~ 4℃。可燃冰需要 30 个大气压才能形成。对深海而言，气压越大，可燃冰越容易保存。海底富有碳的有机物，这为可燃冰的形成提供了充足的气源。水也是可燃冰形成不可缺少的条件。

人们是怎么发现可燃冰的

1778 年，英国化学家普得斯特里开始研究气体生成的气体水合物的温度和压强。1934 年，美国人哈默·施密特在油气管道中发现了可以燃烧的冰块，这是人类首次发现甲烷水合物。1965 年，苏联科学家声称，在海洋底部应该存在大量的可燃冰。后来，人们在北极海底首次找到了可燃冰。

🌟 海洋万花筒

形成可燃冰需要大量的烃类气体，它们有的来自微生物的分解，有的来自深部油气田的热降解，当然，也有可能是两者的混合气体。根据气体类型的不同，可燃冰可划分为微生物气型、热解气型、混合气型。人们在海域中发现的可燃冰大部分属于微生物气型。

Part 4 深藏于海底的矿产

日本首次开采出海底可燃冰

2013 年 3 月 12 日，日本第一次从海底开采出可燃冰，并利用压力作用，迫使水和甲烷分离，进而成功提炼出了甲烷气体。自此，日本成为世界上第一个掌握海底开采可燃冰技术的国家。

可燃冰分布在哪里

20 世纪 60 年代，科学家在进行深海钻探时就发现了可燃冰。如今，人们不仅在海底发现了可燃冰，在陆地上也发现了可燃冰。海底可燃冰分布在南极近海、大西洋两岸、环太平洋周边、印度洋北部、北冰洋周边、地中海、里海等海域。截至目前，人们发现可燃冰的地点已经超过 220 处了。

奇闻逸事

可燃冰就好比《变形金刚》中的"能量块"，虽然它们的体积不大，但能量却不可估量。毋庸置疑，可燃冰将会代替常规的油气资源。如果给一辆车加入 100 升的天然气，它可以跑出 300 千米的话，同等体积的可燃冰供给燃料电池汽车使用，其行驶距离远超 300 千米。

我国发现可燃冰的历程

1999年，我国开始勘探可燃冰。2007年5月18日，我国在南海试采可燃冰并获得圆满成功。2008年，我国在青藏高原发现了可燃冰。2013年、2015年和2016年，我国陆续钻探到可燃冰。可见，我国是一个富含可燃冰的国家。

可燃冰已经走进人们的生活

如今，可燃冰已经走进人们的生活。科学家利用可燃冰进行空调蓄冷、盐湖开发等。另外，可燃冰分离技术可用于氨基酸分离、果汁浓缩等食品加工领域。总之，可燃冰具有巨大的发展潜力。

可燃冰可能带来的危害

可燃冰也并非完美无缺。从海洋中开采的可燃冰分解之后可能引发地质灾害，如海底滑坡、地层下沉等。另外，如果可燃冰开采不当，会导致大量甲烷气体外泄，加剧温室效应。

可燃冰的效率

　　可燃冰的密度是煤炭的 10 倍，这就意味着同样单位的可燃冰和煤炭燃烧，可燃冰能够产生更多能量。1 立方米可燃冰可以释放约 160 立方米的天然气。因此可以看出，可燃冰的使用效率很高。

可燃冰的储量

　　目前，全世界的可燃冰储量约为 2100 万亿立方米，可以供全人类使用 1000 年。在我国南海也发现了储量惊人的可燃冰，已经探明的可燃冰可以让中国人使用 135 年，相当于 650 亿吨石油所能带来的效用。

我国的可燃冰试采

　　2008 年以来，我国共进行了 3 次试采可燃冰的活动，还创造了可燃冰单日产气量 3.5 万立方米的纪录。如果一切顺利的话，我国有望在 2028—2030 年实现可燃冰的普遍应用。

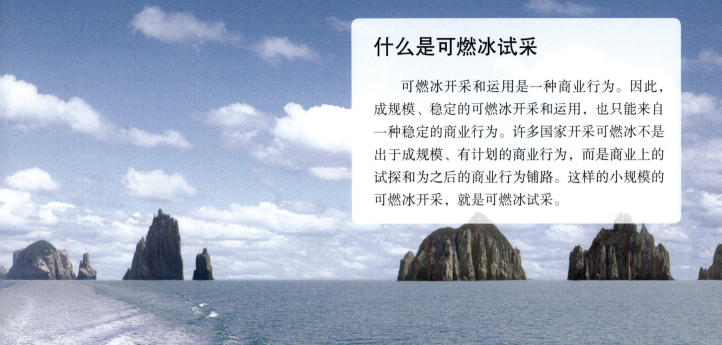

什么是可燃冰试采

可燃冰开采和运用是一种商业行为。因此，成规模、稳定的可燃冰开采和运用，也只能来自一种稳定的商业行为。许多国家开采可燃冰不是出于成规模、有计划的商业行为，而是商业上的试探和为之后的商业行为铺路。这样的小规模的可燃冰开采，就是可燃冰试采。

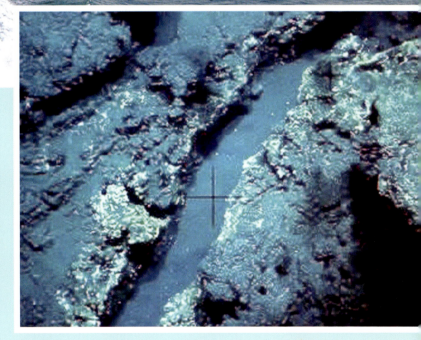

深海可燃冰为什么只能试采

目前，全球绝大多数国家都还没有实现对深海可燃冰的商业的、成规模的开采和使用。其中的原因，本书前文已经提到过：如果可燃冰开采不当，可能会造成对环境的破坏。现在，绝大多数国家都没有研究出一套合适的方法来开采深海可燃冰，因此，深海中的可燃冰还只能试采，而不能大规模开采。

🖉 开动脑筋

以下关于"可燃冰"的阐述中，正确的一项是（　　）。

A. 常温常压下，水和天然气可以生成可燃冰

B. 可燃冰是纯净物

C. 可燃冰是天然气冷却后得到的固体产物

D. 可燃冰燃烧后几乎不会产生污染物，被人们誉为"未来能源"

深海之下的金属矿

进入 21 世纪之后，人类对金属资源的需求达到空前的旺盛，可是陆地上的矿产日渐衰竭。于是，人们将目光锁定在海底。那么，海底真的蕴藏着金属矿物质吗？让我们一起看一看吧！

种类繁多的深海金属矿物

在广阔的深海中，人们已经发现了许多价值非常高的金属矿物，如锌、锰、钴、铜等。其中，有 3 种矿物具备很高的开采价值，它们分别是锰结核、富钴结壳和多金属硫化物。

人类第一次在海底发现矿物资源

　　19 世纪，英国"挑战者"号科学考察船在大西洋等地进行考察。这次考察历时 3 年 5 个月。在考察期间，科学家们从海底打捞出类似"结核结石"的小石块。1877 年，有科学家在一次演讲中解释，那些小石块是由铁、锰等金属元素构成的矿石。这是人类第一次在海底发现矿物资源。

东太平洋多金属结核勘探矿区

　　多年来，中国已在太平洋开展了 200 多万平方千米面积的多金属结核调查工作，其中有 30 多万平方千米为有开采价值的远景矿区，联合国已批准其中 15 万平方千米区域作为中国的开采区。

Part 4 深藏于海底的矿产

什么是多金属硫化物

多金属硫化物也叫海底块状硫化物，它含有许多铁、锌、金、银、铜等金属。在海底"黑烟囱"周围存在着海底金属矿床，其中就有多金属硫化物。

多金属硫化物的分布情况

多金属硫化物的矿床位于深海中的大洋中脊、活火山弧和弧后脊的构造板块边界，位置大约在水下 2000 米。人们也在西南太平洋的大洋边缘发现了多金属硫化物矿床，在东太平洋海隆、东南太平洋和东北太平洋海隆也有多金属硫化物的身影。

📖 奇闻逸事

大洋中脊也叫洋脊、中隆或中央海岭，是指贯穿世界四大洋，成因相同，特征相似的海底山脉系列，长度大约有 8 万千米。目前，人类还没有完成对大洋中脊中的多金属硫化物的勘探。

多金属硫化物中的金属含量

　　科学家们发现，不是所有多金属硫化物中都含有同等含量的金属。不同地方的多金属硫化物所含的金属成分和含量不同。例如，在弧后扩张中心的玄武岩环境中生成的多金属硫化物中，锌、铅、钡的含量较高，铁的含量则比较低。在另一些地方生成的多金属硫化物中，金的含量相对更高。

开采潜力

　　以目前人类的需求和科技水平来说，如果要开采深海中的多金属硫化物，多金属硫化物就需要具有高品质的金属，矿床不能离陆地太远，所在的深度最好不要超过水下 2000 米。如果无法满足或接近满足这些条件，多金属硫化物的开采潜力就不算大。

一艘探寻、勘探、开采海底矿产的船只。

💡 **开动脑筋**

多金属硫化物一般含有哪些金属？

锰结核，沉睡的宝藏

　　进入 21 世纪之后，全球各种矿物原料消耗呈增长趋势。为此，继可燃冰之后，锰结核成为人们进行深海资源开采的重点。锰结核到底是一种什么物质？人们为什么要开采它们？让我们一起走进锰结核的世界吧！

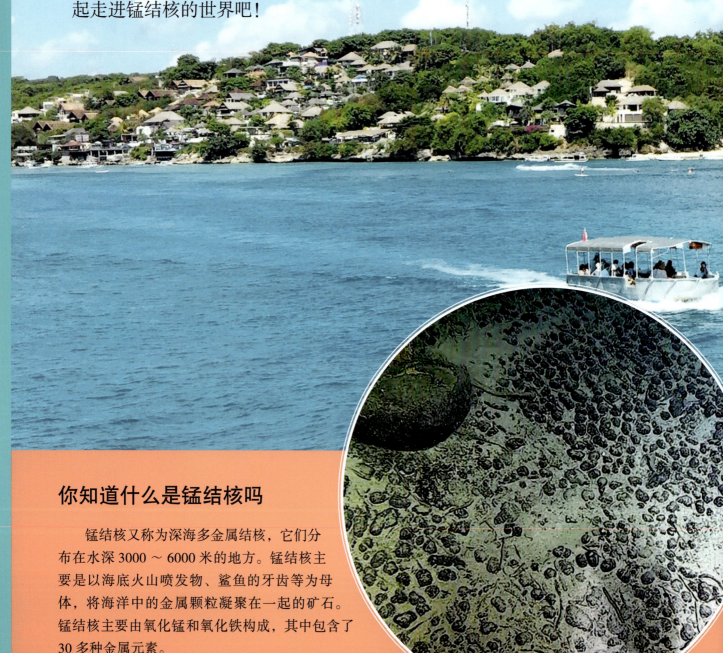

你知道什么是锰结核吗

　　锰结核又称为深海多金属结核，它们分布在水深 3000 ～ 6000 米的地方。锰结核主要是以海底火山喷发物、鲨鱼的牙齿等为母体，将海洋中的金属颗粒凝聚在一起的矿石。锰结核主要由氧化锰和氧化铁构成，其中包含了30 多种金属元素。

锰结核是怎么形成的

锰结核的来源主要有4个方面：当陆地或岛屿上的岩石风化后，就会产生锰或铁等元素。其中一部分元素被海流带进了深海；火山喷发产生的气体，也会和海水作用，从熔岩里带走一些铁或锰；浮游生物体内富含微量金属，这些生物死后，体内的金属元素就进入了海里；每年，宇宙都会有一些尘埃落入地球的海洋里，这些尘埃里也含有金属元素。

为什么锰结核有"年轮"

当你看到锰结核后，就会发现它们竟然也有"年轮"。事实上，海底火山爆发时会持续一段时间。当熔岩喷发时，向上喷发的岩浆会被下方的岩浆推上去，这样外层就会黏上岩浆。当海水反复翻滚、对流，就会出现一层包裹一层的现象，这样就出现锰结核上的"年轮"了。

🌼 海洋万花筒

锰结核的形成和冰雹的形成十分相似，当高空中的小冰晶在下降时，受地面热空气的影响，它们会在空中反复翻滚，如此一来，它们的表面会出现一层包裹一层的现象，直到落地为止。所以，当你仔细观察大型冰雹时，会发现它们中心核的雹胚和锰结核十分相似。

Part 4 深 藏 于 海 底 的 矿 产

锰结核分布十分广泛

锰结核中富含锰、镍、铜、钴等成分，这些陆地上的矿产资源却几乎遍布所有的海洋及大湖中。据悉，太平洋海底的锰结核中含 4000 亿吨锰、164 亿吨镍、98 亿吨钴、88 亿吨的铜……当然，其中还有许多其他珍稀金属。

锰结核开采困难

当前，海洋深度是开采深海资源的大难题之一。另外，人们开采锰结核需要面临政治、经济、技术等问题，这将是一个高风险、高投入的项目。深海环境对作业设备的要求极高，需要承受海水压力，抵御复杂的洋流等。如此种种，人们要想彻底征服深海，还需要在技术等方面不断提升和完善。

奇闻逸事

锰结核的开采有太多不确定因素，世界各国都将目光聚集在海洋之中。《联合国海洋法公约》确定了世界各国对海洋开发的权利和义务，可有效避免彼此之间发生冲突，促进世界各国和平且安全利用海洋矿产资源。

关于锰结核的小秘密

读到这里，你真的完全了解锰结核了吗？你对锰结核还有哪些了解呢？你知道它们的"长成"竟然历经了百万年吗？

形状各异的锰结核

当你仔细观察锰结核时，就会发现它们有的看起来像"土豆"，有的看起来像"生姜"。它们大多在海底沉积物上"生长"，一般呈暴露状或半掩埋状。即便是在同一区域内，它们的形状也各不相同。

储量快速增长的深海锰结核

深海锰结核存在于全球深海的洋盆，十分接近海底。而全球深海洋盆的面积又非常大，因此深海锰结核的储量非常多，达到了3万亿吨以上，其中以北太平洋海底洋盆里储存的大洋锰结核为最多。不仅如此，深海锰结核还以每年1千万吨的速度在增加，这是个令人惊讶的增长速度。

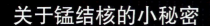

💡 **开动脑筋**

以下关于锰结核的说法不正确的一项是（　　）。

A. 大部分锰结核是褐色的

B. 锰结核富含多种金属元素，如锰、铁等

C. 锰结核的金属供应源是岛屿的岩石、宇宙尘埃等

D. 锰结核的年增长总量极大，而单体锰结核的增长速度却十分缓慢

深海之下的 "黑金"

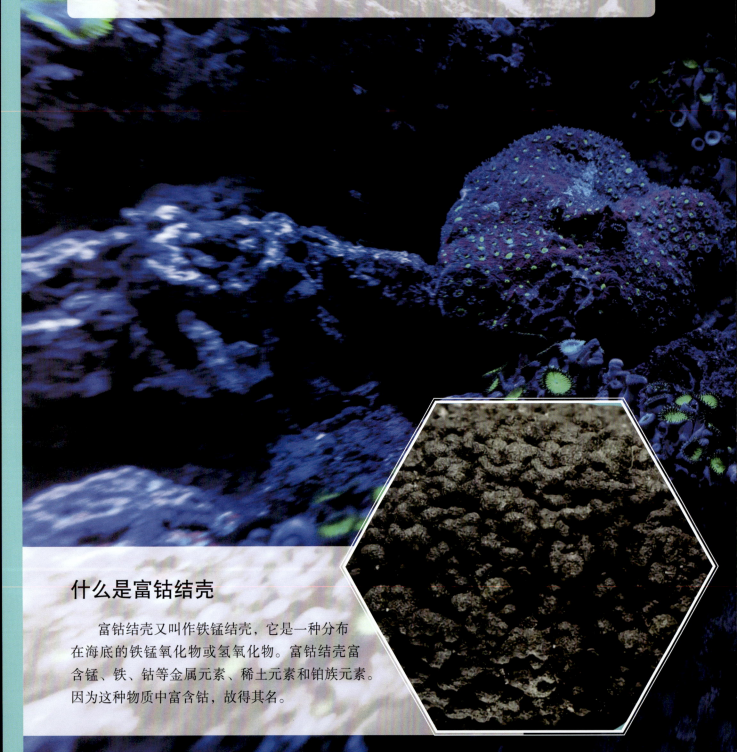

继多金属结核之后，富钴结壳是人类发现的又一种深海固体矿产资源，它们在大西洋、太平洋等地都有分布。它们可谓深海的 "黑金"。那么，富钴结壳有什么有趣的知识呢？让我们一起去探索吧！

什么是富钴结壳

富钴结壳又叫作铁锰结壳，它是一种分布在海底的铁锰氧化物或氢氧化物。富钴结壳富含锰、铁、钴等金属元素、稀土元素和铂族元素。因为这种物质中富含钴，故得其名。

富钴结壳的形态

根据富钴结壳的形态，可将它划分为 3 种类型：板状结壳、砾状结壳、钴结核。富钴结壳内部，如果从宏观上看，你会看到 3 层构造，分别是顶部较致密层、中部疏松层、底部亮煤层。如果从微观上看，你会看到多种类型，如叠层构造、纹层状构造、斑块状构造等。

富钴结壳的"生长"缓慢

富钴结壳的生长十分缓慢，每百万年才长几毫米。有研究发现，在西太平洋富集的富钴结壳应该是从始新世—早中新世形成的。在三大洋中，覆盖在太平洋海底的富钴结壳中的钴的含量最高。

海洋万花筒

富钴结壳的矿物由自生的铁锰矿物组成，如钡镁锰矿、四方纤维铁、针铁矿、六方纤维矿等。另外，有研究发现，微生物对富钴结壳的形成起到了至关重要的作用。与此同时，富钴结壳的分布会受地形、水深、经纬度等多种因素影响。它们主要分布在水深 800 ～ 2500 米的海山、海底高地上等。

Part 4 深藏于海底的矿产

富钴结壳的开采难度大

富钴结壳的开采技术难度要大于多金属结核的开采。相比之下，多金属结核多附着在沉积物基底之上，而富钴结壳却牢牢吸附在基岩上。在开采富钴结壳时，要尽可能减少采集过多的基岩，不然会降低矿石的质量。

富钴结壳的价值

富钴结壳中除了含有丰富的钴之外，还含有很多潜在资源，如锰、镍、钨、钼、磷等。另外，一些比较厚重的结壳上还会含有碳磷灰石，还有大部分的富钴结壳会含有少量的石英和长石。富钴结壳可以用于生产超合金、太阳电池、高级激光系统、燃料电池、强力磁等产品。

奇闻逸事

1997 年，"海洋地质四号"科考船在太平洋首次展开对富钴结壳的调查，这是中国大洋矿产资源勘查的新起点。在全球范围内，深海矿业将迎来新一轮的热潮，我国会借助新科技，秉承开发和环保理念，构建海洋命运共同体。

钴是什么

钴是地球上的一种稀有金属，在地壳里的含量只有十万分之一。钴既分布在深海中，在陆地上也能找到，但深海里的钴比陆地上多得多。钴的颜色为银白色，表面略带一些淡淡的粉色。钴的化学性质比较稳定，在工业上常用于生产耐热合金、防腐合金与硬质合金等产品。在医疗方面，钴也可以用来促进造血。

海洋地质调查船之中华乐、钻、锰、铁等勘探

富钴结壳的形成过程

富钴结壳的形成过程非常复杂，目前科学界并没有形成统一的认识。有些科学家坚持化学成矿说，还有一些科学家则更加相信生物成矿说。在深海中存在着一条最低含氧带，锰和铁等金属元素在这条最低含氧带下形成水合氧化物胶体。这些胶体因为表面的吸附作用，聚会了钴离子等其他金属离子，逐渐形成富钴结壳。

开动脑筋

富钴结壳中含有哪些金属元素？

_____

_____

_____

Part 5
失落的海底文明

"亚特兰蒂斯"这种传说中失落在海底的文明充满神秘。"南海一号""碗礁一号"都是从海底发现的，当它们被人类发现时，也是海底文明浮出深海的时候。这一切都让人类对地球曾经的过往浮想联翩……

Part 5 失 落 的 海 底 文 明

亚特兰蒂斯帝国

　　提到亚特兰蒂斯，不少人会联想到"沉降的大陆""水底城市"等。当然，对于喜欢玩游戏的人，他们会联想到冒险游戏《亚特兰蒂斯：失落的帝国》等。那么，亚特兰蒂斯真的存在吗？

Plato

亚特兰蒂斯帝国走进人们的视野

　　公元前4世纪，哲学家柏拉图在《对话录》中描述了亚特兰蒂斯毁于地震、海啸的经过。自此，这个充满神奇色彩的失落帝国进入人们的视野。一直以来，这个谜团激发着后人的无限想象和兴趣，激励人们不断探索关于亚特兰蒂斯的一点一滴……

神奇的亚特兰蒂斯帝国

在《对话录》中记载，大西洲曾出现人类最早的文明。公元前9000多年，当地的居民建立了文明帝国——亚特兰蒂斯，它是用海神波塞冬长子的名字命名的。在当时，欧洲还处在茹毛饮血的原始社会，而亚特兰蒂斯的文明却十分发达，它有明确的阶级划分，人们种植着各种农作物，各种野生动物奔跑在原野之上……

亚特兰蒂斯在何方

亚特兰蒂斯到底在哪里？人们一直没有停止过寻找的脚步。柏拉图说，亚特兰蒂斯在直布罗陀海峡对面的大西洋海域，那里曾有一块被海洋包围着的陆地。不少考古学家试图寻找柏拉图描述的地方。1882年，美国学者唐纳里从多角度对亚特兰蒂斯进行全方位考察，他认为亚特兰蒂斯可能真的存在过。但不少考古学家却对此深表质疑。

🌟 海洋万花筒

在一万多年前，亚特兰蒂斯正值辉煌的时刻，统治着大西洋、欧洲、北非等地。可是，在地震、海啸之后，它却永远地从地球上消失了。当然，仅剩的人从这场毁灭性的灾难中逃了出来。他们将不同的文明带到了大西洋两岸，以至于即使在相隔甚远的地方，文化竟然也有相似性。

Part 5 失落的海底文明

孜孜不倦地追寻失落的文明

　　不少学者指出，亚特兰蒂斯和亚速尔群岛十分相似。可是，柏拉图笔下的亚特兰蒂斯是一个高度文明的社会，而亚速尔群岛却没有任何文明遗迹。那么，曾经的文明到底躺在哪片海底呢？在几百年之中，考古学者不断从海底发现各种人工建筑，他们试图将它们和亚特兰蒂斯相联系，但始终没有确凿的证据。

未知激发人类的想象

　　亚里士多德认为亚特兰蒂斯不过是柏拉图虚构出来的。柏拉图想要借此警示人类，即人类命运会因盲目自大而堕落。柏拉图将虚拟的亚特兰蒂斯藏在人们未知的世界中，从而保持亚特兰蒂斯的神秘感，让人充满遐想。为此，亚里士多德认为，"把它想象出来的人破坏了它"，这也是亚里士多德对亚特兰蒂斯之谜的解释。

奇闻逸事

　　在希腊神话故事中，亚特兰蒂斯位于直布罗陀海峡附近的大西洋中。海神波塞冬将这座岛屿分割成10份，并让5对双生子掌管，他们是亚特兰蒂斯帝国最初的统治者。其中，有一位名叫亚特兰蒂斯的长子，他是这些统治者中的王。所以，那里便用他的名字命名了。

亚特兰蒂斯，一个警世寓言

当亚特兰蒂斯走进人们的视野后，人们一直没有停止过追寻。不过，至今没有任何考古资料证实亚特兰蒂斯的存在。那么，它对人们有什么意义呢？

在拍出的图像中，亚特兰蒂斯城被无穷无尽的海藻淹没

它是一个恐怖的灾难环境记忆

亚特兰蒂斯算得上是一个恐怖记忆，因为在远古时期，任何人类文明都是那么的不堪一击。海啸、地震、火山等使不少文明灰飞烟灭，它们无不是毁灭远古文明的"恶魔"。古罗马帝国最繁盛的城市——庞贝，一夜之间被火山灰吞噬。人们在挖掘出它的遗迹时，也发现了一句铭文："没有任何东西可以永恒。"

它更是对人类未来的警醒

无论是亚特兰蒂斯，还是庞贝古城，它们无不警醒着人类。当前，人类文明面临着各种威胁，包括水资源匮乏、沙漠化、生物多样化减少等问题。另外，瘟疫流行、小行星撞击地球等也不容忽视。如果我们无法有效对抗这些灾难，那么，等待我们的也将是文明的消失。

开动脑筋

亚特兰蒂斯为什么会毁灭？

_____

_____

_____

海底竟然也有金字塔

提到金字塔，人们最先想到埃及。不过，人们万万没有想到，在地球上竟然还有比胡夫金字塔更壮丽、更宏伟的金字塔。更令人咋舌的是，这些金字塔不在陆地上，而在海底。这到底是怎么回事呢？

分布在世界各地的海底金字塔

沉睡在海底的金字塔，被人们称为海底金字塔。当前，世界各地都发现了海底金字塔。科学家表示，海底金字塔的历史要比陆地上的金字塔更久远。目前，全世界最出名的海底金字塔中有我国台湾附近的海底金字塔以及百慕大海底金字塔等。

我国台湾附近的海底金字塔

在半个世纪之前，人们在我国台湾附近发现了海底金字塔。科学家称它们为"遗迹潜水观光区"。那里有很多古老的建筑，它们和墨西哥玛雅文明的金字塔十分相似。科学家推断，它极有可能是因为某种地质变化而突然陷入海底，至于它和玛雅文明是否属于同一时期，那就不得而知了。

百慕大海底金字塔的发现

1977年，科学家在百慕大三角区的海底发现了一座金字塔。它高达200米，边长300米。科学家推断，这座金字塔修建的时间要比埃及大金字塔早几千年。科学家利用声呐以及水下摄像头对这座金字塔进行探测，发现这座金字塔由玻璃或类似水晶类的物质组成。它的表面十分光滑，没有任何附着物。

海洋万花筒

百慕大海底金字塔位于大西洋和加勒比海的交界处，这座金字塔的四周平坦，没有任何火山喷发的痕迹，周围也没有任何海底山脉。鉴于海水过深，海底环境复杂，科学家对百慕大海底金字塔依然知之甚少。

与那国岛海底的"金字塔"

1996年，在与那国岛的海底发现了很多人工建筑，它们是由切割完美的巨石堆砌而成。随后，日本考古学界参与发掘工作，并在附近发现了金字塔形状的建筑。人们推测，它大约出现于公元前8000年之前，看起来像一个巨大的台阶，从断面上看，它和阶梯式金字塔十分相似。对于这座金字塔到底是纯天然的还是人造的，科学家秉承着不同的说法。

为什么海底会有金字塔

人们对海底金字塔十分迷惑，因为人类无法在海底生活，那么，为什么要在海底建造这样的金字塔呢？有人推测，海底金字塔可能是"搬家了"。它们本来是在陆地上，后来因为某种原因而沉入海底。还有人认为，这可能是古文明人的杰作。两者相比之下，第一个观点似乎更合理。不过，第二个观点却更有吸引力。

🔖 奇闻逸事

有人认为百慕大海底金字塔可能是亚特兰蒂斯人的供应库。在此之前，美国探险家德奥勃诺维克曾在那里拍摄到泛着白光的照片。因此，人们认为这座金字塔有可能是一个能量场。照片中出现的白光很可能是在吸收宇宙中的能量波。

海底金字塔的真相到底是什么

世界各地的人们十分好奇海底金字塔，伴随着它们的出现，大量谜团呈现在人们的眼前。对于这些谜团，众说纷纭。

古文明说和能量场说

科学家认为，海底金字塔应该是远古人类的杰作。不过，由于地震引发的变化，这些古文明遗迹纷纷沉入海底。还有一种说法是能量场说，有人认为海底深处有人类生存，海底金字塔是他们保护奇特力量的能量场，它们可以吸收宇宙间的各种能量波。

姆文明说和外星人说

詹姆斯·柴吉吾德假设，"姆文明"应该是因为地质变动而突然沉入大海中。但是，这种文明仅停留在口头流传，并没有任何记载，它有待人们去揭秘。还有人猜测，海底金字塔中住着外星人，它们可能曾为亚特兰蒂斯人提供帮助。当然，对于海底金字塔的研究，人类还在不断地探索之中……

开动脑筋

请回答下面问题。

1. 埃及金字塔始建于什么时候？ _____

2. 对于海底金字塔，你还有什么疑惑呢？ _____

_____

135

揭秘"南海一号"

　　广东阳江，一座巨型"水晶宫"坐落于海边，里面存放着一艘古代沉船——"南海一号"。"南海一号"沉船的发现和打捞过程充满了波折和奇迹，它已成为中国水下考古里程碑式的标志。

"南海一号"的发现

　　"南海一号"是一艘南宋时期的船舶，它是当前世界上发现的海上沉船中年代最久远、船体最大、保存最完整的远洋贸易商船。1987年，中国成立了水下考古研究中心。当年，中国广州救捞队帮助英国救捞公司寻找沉船"莱茵堡"号。可是，打捞队并没有找到这艘东印度公司的沉船，反倒挖出一条鎏金腰带。它的造型奇特，有着阿拉伯风韵。考古人员对此分析，这里应该有一艘中国沉船。1989年，中日合作对这艘沉船进行水下考古，这是中国水下考古的起点。中国水下考古事业的创始人俞伟超将此船命名为"南海一号"。

"南海一号"从发现到打捞间隔很久

20世纪八九十年代，中国的水下打捞技术及财力远远不足，只能与国外相关机构合作。另外，中国水下考古初期的考察资金还是由民间无偿资助的。因此，"南海一号"从发现到成功打捞，中间耽搁了20年之久。

"南海一号"的整体打捞

在国际惯例中，对于沉船的打捞采取先分解、后组装的方式。不过，对于这艘800多年前的南宋沉船。中国考古队提出一个不可思议的办法：整体打捞，这对当时的中国打捞队而言，简直是痴人说梦，这不仅耗费高，而且难度大。经过多年的准备，直到2007年才具备了打捞条件。考古学家将提前制作的钢铁沉箱运到打捞区域，最后由起重船"华天龙"号将沉箱放到海底，打捞过程历时9个月。

🌊 海洋万花筒

"华天龙"号是亚洲最大的起重船，当时，计划将沉箱放到海底之后，自己切入海泥，从而将沉船包裹在箱体内。不过，由于沉船周围的海泥被古船压实得很紧密，沉箱完全下不去。最后，打捞队只好不断向沉船上加重。一切准备就绪后，考古人员在箱体四周插入钢筋，期间困难重重，但结果却很完美。2007年12月22日上午10时，"南海一号"正式出水。

"南海一号"出土 18 多万件文物

　　"南海一号"的成功打捞，意味着中国开创了水下考古的新纪元。随后，在考古人员的清理下，历时 12 年之久，18 多万件文物呈现在大众的眼前。这些出土的文物中大部分是瓷器。当然，还有铜器、金器、玉器等。不仅如此，里面竟然还保存着咸鸭蛋和花椒粒等。

福建泉州是当时世界的海洋商贸中心

　　考古学家从"南海一号"上的玻璃器以及金银器上看出，这些饰物的风格和阿拉伯当地的饰物十分相似。可见，这艘船和今天的中东地区有着密切的往来。另外，从船上运载的大量福建瓷器可以推断，这艘船很有可能是从泉州开往海外，这也说明了当时的泉州在世界上有着举足轻重的地位。

📙 奇闻逸事

　　2007 年 4 月，水下考古人员在对"南海一号"的打捞过程中发现了大量黑色的铁锅。不过，由于长时间浸泡在海水中，这些铁锅早已变成庞大的"凝结物"。经考古人员研究发现，这一批铁锅属于佛山铁锅。有人推测，"南海一号"应该是先在泉州港装载上陶器，随后抵达广州港，将这批铁锅装载上。

"南海一号"，极妙的水密隔舱

"南海一号"的珍贵之处不仅仅是出土的文物，更重要的是船体本身。这艘船是典型的水密隔舱结构。这也说明，在宋代，人们已经有成熟的水密隔舱造船的技艺了。什么是水密隔舱？这是指在船舱中用横隔板将各个舱位分割开来。每一个水密隔舱都能确保海船的安全性。例如，不管哪个舱位触礁进水，都不会威胁到其他的舱位。另外，膈舱板和船壳板增强了船舶的横向强度。

"南海一号"沉没和铁锅摆放

"南海一号"以一种近乎水平的状态沉没在海底。对此，考古学家推测，这艘船抵达广州之后，船家根据有限的空间，将大量的铁锅等重量较大的东西放到了瓷器的上方，包括在甲板上堆放。如此一来，当这艘船遇到大风大浪时，在上方堆放的铁锅等发生位移，从而改变了船身重心，最终导致沉没。

佛山铁锅铸造精良

从宋代至明清时代，佛山的铸铁业非常发达。至今，中国最大的铁锅出口基地依然是佛山。你可以从广州光孝寺中的两座铁塔上感受到古代佛山的冶铁、铸铁水平。不仅如此，包括梅州千佛塔内的铁塔、曲江南华寺祥龙铁塔等，这些都无不见证了佛山当年的冶铸工艺。

"南海一号"待解的谜团

　　"南海一号"是一艘木质古船，即便在海底静静躺了 800 多年，依然保存完好。那么，这艘船是哪里建造的？它的始发港是哪里？它要去哪里？它留给我们重重疑问。

"南海一号"是哪里建造的

　　大部分考古学家认定，"南海一号"是中国建造的。它是一艘运载中国的货物出口到国外的远航货船。另外，人们从船上的"锚"可知，它是中国宋代常用的船锚。而从古船身上的碎木块可知，它们多是马尾松木。这种木材常见于福建、广东等地。另外，考古学家推测，它极有可能是一艘福船，因为福船多是一种尖底的海船，以航行于南洋和远海而著称。

"南海一号"的始发港是哪里

　　考古学家断定，"南海一号"的始发港多半是在中国，因为从古船上打捞出来的很多文物是中国福建、江西等地产的瓷器，始发港应为泉州港。不过，也有一些考古学家提出不同的意见，他们认为，古船内有大量瓷器等，只能在同一个地方采购，而广州是宋代初期的瓷器集散地，古船很可能是从广州出发的。

"南海一号"要去哪里

　　根据"南海一号"船头的朝向，考古学家猜测其沉没方向和当时的航行方向是一致的。因此，它应该是一艘从我国驶向国外的船只，可能是赴东南亚或中东地区进行海外贸易。而从船上发现的文物有西亚风格，古船上的眼镜蛇遗骨又似乎在告诉人们，当时船上曾有阿拉伯、印度商人。如此一来，"南海一号"的目的地就无法确定了。

这艘古船的主人是谁

这艘古船的主人到底是谁？难道他是中国南宋的商人？抑或是外国的"倒爷"？然而，人们并没有在沉船乃至海底四周发现任何人类的骸骨。所以，至今人们无法判断这艘沉船的主人是谁。

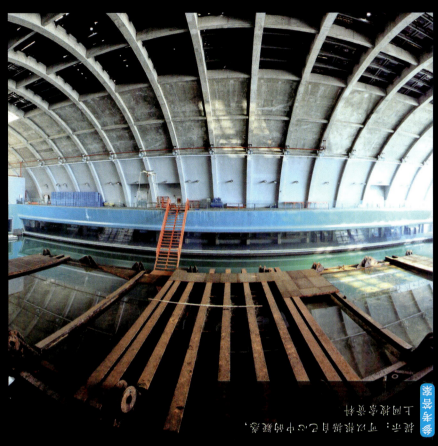

提示：可以根据有自己的中的疑惑，

古船上的人是否逃生了

在"南海一号"打捞出水之后的这些年间，打捞人员多次下水探索。除了沉船上的眼镜蛇遗骨外，就再也没有发现任何骸骨。难道说船上的人员都逃生了吗？考古学家推测，这是一艘木质结构的船只。一旦发生沉船事故，船上的人逃生的可能性非常大。至于船上的人员是否最终脱险，则要看沉船时的海况。虽然没有在沉船内发现人的骸骨，但也不能证明他们顺利逃生了。

💡 开动脑筋

对于"南海一号"你还有哪些疑问呢？不妨写一写吧！

_____

_____

失落的神秘宝藏

随着"碗礁一号"沉船的发现，古代"海上丝绸之路"变得十分热闹，一股疯狂的海底盗捞热潮出现。与此同时，全球文物市场也变得异常的火热，因为"海捞瓷"正在热卖之中……

海洋万花筒

2005 年 7—10 月，福州接二连三地经历了"海棠""麦莎""泰利""卡努""龙王"等台风袭击。由于台风的到来，以至于水下变得无比的浑浊，这大大增加了水下考古队员的潜水作业风险。毋庸置疑，海底充满无尽的危险和未知，这让水下作业变得异常困难。

"碗礁"一词的由来

在福建省平潭县海域有一块礁石，当地的渔民将其称为碗礁。当你乍听到"碗礁"一词，势必会将它和"碗"联系在一起。其实，碗礁的外形和碗毫无关联。这个名字源自 300 年前的一场海难，当地的渔民从那里捞起瓷碗，自此，那里便得名碗礁。

"碗礁一号"水下考古队

　　2005 年，在福建省平潭屿头岛海域五洲群礁的碗礁附近，当地渔民在撒网捕鱼时总能捞上一些青花瓷。这种现象引起有关部门的注意，同年 10 月，中国国家博物馆水下考古研究中心组织建立了一支叫"碗礁一号"的水下考古队，他们将去碗礁一探究竟。

"碗礁一号"打捞困难重重

　　水下考古队队员在打捞"碗礁一号"的过程中遇到重重困难，不仅要打击盗捞行为，在打捞期间，福州还经历 5 次台风，这给水下作业带来不小的挑战。

"碗礁一号"古船的面貌

"碗礁一号"是一艘海船，它建于康熙中期，残长有 13.5 米，残宽有 3 米，残高有 1 米。考古学家由此推断，这艘古船之前的长为 18 ~ 20 米，宽为 5 米。它残留了 16 个舱位，不过，大部分的舱位早已坏掉。另外，考古学家在这艘船的西南位置找到一根圆木，它的剖面呈"凸"字形，人们将此定为龙骨。

奇闻逸事

据巴达维亚（雅加达的旧称）的荷兰商人说，在 17 世纪 90 年代，每年都会有近 200 万件瓷器运到东南亚，其中有 120 万余件供应当地，另外 80 万余件则被运往欧洲。可见，当时有近乎一半的瓷器被运往荷兰，这就是为什么人们常会在荷兰看到景德镇瓷器。

"碗礁一号"出土的瓷器

在"碗礁一号"中打捞出的瓷器主要是江西景德镇康熙年间烧制的。这批瓷器以青花器为主，少部分为五彩器、青花釉里红器等。它们制作精良，器形有筒瓶、高足杯、粉盒等。纹饰十分丰富，有山水、花鸟、吉祥文字等。总的来说，这一批文物大部分制作规整、线条流畅，器形大的沉稳，器形小的轻巧。

"碗礁一号"沉船所在的位置

　　"碗礁一号"沉船的所在地为闽江口南,那里是"海上丝绸之路"的交通要道。沉船中的瓷器多产自江西景德镇,在当时,瓷器多走水运,从昌江出发,到九江,最后到长江口再南下,最终抵达东南亚。一般瓷器被运输到东南亚之后,会在当地销售,少部分则由东印度公司运往欧洲销售。这艘船从福州港起航后偏航进入平潭湾而沉没。

"碗礁一号"出水的瓷器的价值

　　"碗礁一号"出水的瓷器为人们研究福州在"海上丝绸之路"的地位提供了重要的佐证。不仅如此,这些出水的瓷器也悄悄告诉人们,古时候的中国陶瓷在对外贸易中的发展史。毋庸置疑,海底的这些宝贝和谜团等待着更多人去探索,因为那里藏着关于人类未知的文明。

"碗礁一号"打捞的意义

　　"碗礁一号"不仅让中国获得了沉船上的财富,更重要的是,人们从沉船中发现了历史和文化价值。沉船上的点点滴滴都在诉说着它们对时代的记录。另外,考古学家根据沉船中的陶瓷的器型、款识等确定了沉船的年代等。

282

细聊"碗礁一号"出水的瓷器

波澜壮阔的大海在孕育海洋文明的同时，也吞噬了无数勇敢的航海者们，"碗礁一号"就是被大海吞噬的船只之一。人们在这艘船上打捞出许多景德镇瓷器，让我们一起了解这些瓷器吧！

青花釉里红器

青花釉里红器有两色：青花、釉里红。这种青花釉里红器从明初开始流传，不过，其烧制方法十分复杂。青花釉里红器和釉里红器一样，都属于官窑产品。它们除了用来制作盘、碗之外，还有各种瓶、摇铃尊等。不过，考古学家在"碗礁一号"中仅发现少量的盘。

五彩器

在康熙彩瓷中，康熙五彩是最具代表性的品种。它又名"康熙硬彩"或"古彩"。在当时，人们使用明代流行的釉下青花，同时加入黑彩和金彩，这让色彩变得更加丰富。在多种颜色的运用下，瓷器的色调变得更加热烈。不过，"碗礁一号"中出水的五彩器因长时间浸泡，大部分彩色脱落，整体呈黑色或灰黑色。

单色釉器

单色釉器是一种将青花和单色釉结合，从而形成的青花色釉器。"碗礁一号"中出水了不少这样的釉器，如青花酱釉器、黄釉青花器等，其中的黄釉釉色相对清淡，制作相对粗放。

微缩瓷器

　　这种瓷器主要以各种款式的瓶为主，它们小巧玲珑，有着精美的纹饰。尽管它们形状娇小，可是"麻雀虽小，五脏俱全"。有人推测，这种瓷器主要用于"娃娃屋"的陈设品。因为在17世纪，荷兰的贵妇喜欢用微缩家具等装饰房屋，以向来客炫耀。在"碗礁一号"中出水了不少微缩瓷器，可见，当时这种商品远销海外。

巴达维亚瓷

　　巴达维亚瓷是一种外销瓷器，瓷身有一层铁棕色的珐琅釉。从中国明代开始，这种油彩就被广泛使用。最初，这种瓷器由荷兰人从南洋的巴达维亚港销往欧洲，由于不知这种瓷器的产地，人们便将其命名为"巴达维亚瓷"。在"碗礁一号"中出水了很多巴达维亚瓷，尤其是葫芦瓶的数量很多。与此同时，在荷兰国立博物馆等地也收藏有这种葫芦瓶，可见它十分受当时的欧洲人喜爱。

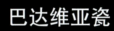
江西景德镇。这里有著名瓷器"四大名瓷"：青花瓷、粉彩瓷、玲珑瓷、颜色釉瓷。广东潮州，为南粤陶瓷重镇，以陶瓷塑像及日用瓷闻名为主，且有悠久历史。

💡 开动脑筋

　　请调查研究，中国有哪些地方盛产瓷器，并写一写不同地方生产的瓷器有什么特点呢？

_____

_____

_____

147

Part 6
人类与深海的故事

　　深海之下有太多令人神往的地方，尽管那里处处充满危险，但却没有吓退人类。人类用自己的聪明和才智，在深海中谱写了许许多多的故事，让我们来了解人类在深海中的点点滴滴吧！

激烈的深海权益之争

随着人类的探索脚步走向深海，一场权益之争便随之而起。深海之中，世界各国争夺的不仅仅是海洋资源，还有交通、经济利益等。让我们一起领略这场没有硝烟的战争吧……

深海和资源

深海中蕴藏着丰富的石油、天然气、潮汐能、海浪能……对潮汐能、海浪能而言，它们的开发利用率极高，如果人类将它们加以利用，将会为全世界提供当前发电总量的十多倍电。另外，在深海中还蕴藏着大量的淡水资源。

海洋和交通

如今，海洋运输在所有运输中占有重要比例，无论是沿海旅客运输、远洋货物运输，还是水上运输辅助活动等，都离不开海洋。海洋交通是一个国家交通运输的大动脉，它有着持续性强、费用低的特点。

海洋和经济

20世纪70年代以来，世界海洋经济呈直线上升趋势。另外，伴随着陆地面积的匮乏，"海底隧道""海上工厂""海上城市"早已成为时尚的潮流。不得不说，海洋会给人类带来无限可能。

🌀 海洋万花筒

什么是"海上工厂"？简而言之，就是在海面上建设生产设备等，从而就地开发海洋资源的工厂。就中国而言，"海上工厂"有中国海军"华船一号"自航浮船坞。国外的"海上工厂"有"海明"号波浪发电装置、夏威夷温差发电装置、海上氮厂……

海洋的政治权益

海洋的政治权益，顾名思义就是对海洋的管理，包括海洋的管辖权、海洋的主权等。海洋政治权益是世界各国争夺的首要权益。

海洋的经济权益

海洋的经济权益包括对领海的开发、在大陆架上的资源等。在前面我们已经提及，海洋中蕴含着各种资源，一旦能对海洋资源进行大规模开发利用，可大大提升一个国家的经济发展水平。

奇闻逸事

"水下钢结构海生物清理机器人"是一款长相十分像章鱼的机器人，它主要负责清理长期浸泡在海水中的海上平台以及远洋船舶等。这种"水下钢结构海生物清理机器人"可以清理掉钢结构表面附着的海生物等，确保设备等的安全。

海洋的科学利益

如今，海洋早已成为许多国家的科学实验基地。在那里，人们获取对海洋自然规律的认识。例如，关于海洋的起源、海洋生物的种类、海洋的自然现象、海洋的变化规律……总而言之，海洋科学给人类带的利益是无法用金钱衡量的。

内海、领海和公海

在划定领海宽度基线之内的海域被称为内海；从基线朝着外面延伸的海域称为领海；从某国领海外边缘延展到其他国家领海的海域被称为公海。这也是世界范围内对海域的划分标准。

公海自由

什么是公海自由呢？其包括了捕鱼自由、航行自由、管道自由……除上述自由之外，《联合国海洋法公约》还增加了科学研究自由、国际法批准的人工岛屿建造自由等。各国在行使公海自由的同时，也要兼顾其他国家在公海中的利益。

Part 6 人类与深海的故事

世界各国的深海较量

　　20 世纪中叶，美国和苏联为争夺全球海洋霸权，便在深海展开暗战。在当时，核潜艇等在世界各大洋上角逐……

深海争夺的暗流涌动

　　2007 年，俄罗斯海军在地中海展开大规模的军事演习。同年，英国海军向世界展示了一种核潜艇。与此同时，美国和英国的核潜艇在北冰洋的深海进行军演……至此，人们才意识到，这不过是世界各国争夺深海之前的暗流涌动罢了。

世界各国瞄准大洋深处

　　21 世纪是一个海洋的世纪。世界各国都将目光投向了深海。在 1000 米以下的深海之中蕴藏着庞大的矿产资源和绿色能源。一场悄无声息的深海之战拉开了序幕。1963 年，美国的"长尾鲨"号核潜艇沉没在百慕大群岛附近；美苏核潜艇在地中海等深海进行演习时发生相撞……这种种事件都说明军事强国的争夺之激烈。

核潜艇，深海"杀手"

　　在深海争夺之中，核潜艇一直扮演着重要角色。在这场深海之争的"暗战"之中，当时的苏联首当其冲，他们建造了独一无二的阿尔法级核潜艇，可以锁定 12 000 千米以外的目标，可长期在北冰洋的深海上巡逻。

世界各国建立海底作战基地

如今，美军在 900 米深的洋底建立了作战基地，并准备在大西洋山脊的峭壁上建设部分基地。另外，他们还在不断完善着深海洋底的基地网。俄罗斯希望研制大型水泥潜艇，从而建立深海基地……

深海战场中的制高点

深海和大陆一样，都有地缘政治的制高点。简而言之，就是海洋战争中的重心战场，例如，可控制附近大陆沿海的"黄金海岸"，太平洋的冲绳海沟以及马里亚纳海沟等；靠近重要海上航线的深海，如大西洋的亚速尔群岛深海；大洋中心地带的深海，如迪戈加西亚深海等。

🖊️ 开动脑筋

关于公海的叙述有误的一项是（　　）。

A. 公海上出现海盗行为等，各国都可以行使管辖权

B. 公海的使用是为维持和平

C. 公海不包括国家地区的专属经济区、领海或内水等

D. 公海只对沿海国家开放

深海石油之争

　　海洋中蕴藏着大量的油气资源，海底的油气如同埋在土壤中的马铃薯，它们在等待人类的发掘。因此，深海石油之争越来越激烈，让世界各国兴起"蓝色圈地运动"。

不同国家对深海的定义

　　随着时代发展，人们对深海的理解不断变化着。在 100 年前，人们脑海中的深海可能只有 50 米。在 50 年前，人们认为 100 米才算得上是深海。当然，对于深海的理解，不同国家有着不同的定义，在巴西，300 米以下的地方就是深水，1500 米以下就是超深水。而美国认为 500 米以下就是深水，1500 米以下就是极深水。

人类对深海石油探索的足迹

在 20 世纪八九十年代，国外作业水深早已突破 3000 米，人类的钻头早已伸到了"下第三纪"的岩层之中。随着人类对海洋深度的探索，将会有更多的石油储量被发掘。在未来，随着投资的增加，海上油气储量和产量会持续增长。

深海石油资源的现状

墨西哥、巴西等海域引领着全世界海洋油气开发潮流，更多海域正在进行勘探，如孟加拉湾、里海地区……在北极地区，人们发现了几十个沉积盆地，那里有着丰富的油气资源。另外，在深水、超深水海域，油气资源更加丰富，它们也将成为全球油气勘探的热点。

海洋万花筒

大陆架的海洋油气资源非常丰富，占全球海洋油气资源的 60%。在高油价的刺激下，石油公司将目光聚焦在深海之中。在全球海洋油气探明储量之中，浅海占绝大部分，随着石油勘探技术的进步，人们的脚步会慢慢踏入深海之中。

157

深海石油开采的竞争在于资金和技术

　　世界各国在深海石油开采中的较量，比拼的是资金和技术。当前，全世界具备 3000 米深水作业的钻探船极少。在深海石油开采如火如荼开展的今天，勘探技术制约着人们对海底石油开发和利用的脚步。

在深海之下，时间就是金钱

　　钻机每天的使用成本在 50 万美元左右，简而言之，深海石油开采需要付出高昂的费用。在陆地上开采一口油井，总投资在 200 万～300 万美元。如果是在距离陆地 100 多海里的深海之下，人们在那里打一口油井大约需要 8000 万美元，乃至 1 亿美元。需要注意的是，打出的这些油井并非 100% 都有商业价值。

🔖 奇闻逸事

　　有资料显示，油田总储量超过 2 亿桶才能回本和有可能盈利。由于前期投资巨大，深海环境复杂，大部分深海平台是由几家公司联手建设。例如，超深海平台 Perdido 是墨西哥湾第一个超深海平台，它是由英国石油、壳牌、雪佛龙联合建设的。

深海，中国能源的未来之路

石油是人类在 21 世纪的重要能源及战略物资。石油和国家战略等息息相关。在这样的背景下，中国石油资源面临重重危机，可见，中国深海勘探势在必行，未来，中国也要向深海迈进。

中国人走向深海

随着我国经济的发展，能源问题日益凸显。20 世纪 80 年代初，虽然我国可以独立设计钻井浮船以及半潜式钻井平台，可是在 20 世纪 80 年代后期，我国的钻井平台水平和国外水平差距越来越大。当然，除了技术之外，更大的差距在于管理方面。近年来，我国开展了很多深海研究项目，如 "863" 计划中的 "深水油气田开发工程共用技术平台的研究" 等。走向深海大洋，我们要尽快行动起来了……

深海油气勘探的难点在于，其在勘探开发阶段对技术要求高，多集中在深远海区域的海洋油气上露头。

深海勘探，中国大有可为

当前，我国对石油进口的依赖度达 40%。石油关系着一个国家的安全与发展大局。可见，当前降低石油进口依赖十分关键。据悉，南海已被我国选作十大油气战略选区之一。在未来，南海或许能成为我国的能源基地。

💡 **开动脑筋**

深海勘探开发涉及哪些核心技术？

关于深海石油的小知识

石油是每个国家的必需品。可是，你真的了解石油吗？石油是怎么形成的？它是怎么被开采出来的？让我们一起走进深海石油的世界吧！

哇，原来石油是这样形成的

石油到底是怎么形成的呢？科学界流传着两种说法：无烟成因说和有机成因说。当然，最具说服力的要数有机成因说。这种说法认为，在太古时期，动植物死后，它们的遗骸会被掩埋在海底，在缺氧、高温、高压、微生物的作用下，它们被分解成为石油。这下你明白了石油是怎么来的了吧！

原油矿床的形成环境

在石油聚集的地方有一种特殊的地质结构，它们叫作"凹陷"。这些地方的外形如同马背。世界上大部分的油田都是在这样的地下结构带形成的。另外，中东地区的油田相对较多，这是因为当地在侏罗纪到白垩纪生长着大量的浮游植物，如此一来"凹陷"较多，这也为石油矿床的形成提供了有利条件。

海底石油探测的艰辛

人们想要找到海底的石油并非易事。在挖掘石油矿井之前，人们需要通过人造卫星推测地下结构，然后用重力、磁力探查目标，最后还要用地震探查仪器详细探查地下构造。如此一来，藏有石油的矿区才会逐步被锁定。与此同时，即便找到石油，也要估量产油量和生产成本的平衡，才能决定是否要开采。

深海采油的危险

深海石油勘探以及开发技术挑战着人类的极限。通常在几千米的海底之下施工，人类需要依靠机器人完成。当然，目前的深水钻探技术相当成熟，可是一旦出现事故，带来的灾难将是一发不可收拾的。例如，墨西哥湾漏油事件对当地海洋生物的危害，可能会延续十年乃至更长的时间。

生活中的石油制品

在我们的生活中，衣服、电脑、人造橡皮、润滑剂、石蜡、石油沥青、香精、橡胶加工、仪表、机械零件、试剂、煤油、石油焦、塑料制的手机、圆珠笔……这些常见的日常用品几乎都用到了石油。

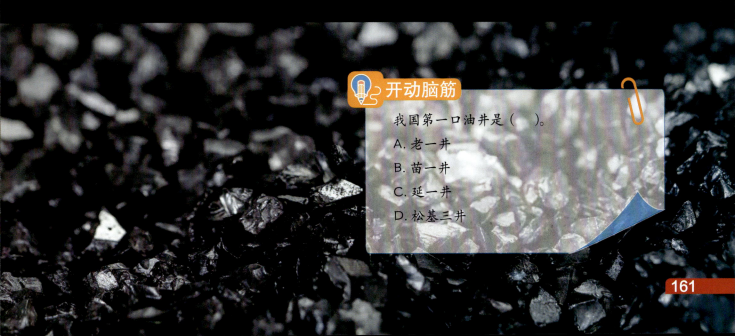

✏️ 开动脑筋

我国第一口油井是（　）。

A. 老一井

B. 苗一井

C. 延一井

D. 松基三井

令人毛骨悚然的深海垃圾

你知道吗？人们在海洋中水深 1500 米处发现了可乐瓶，在水深 4000 米处发现了废弃的渔网、绳索……当形形色色的生活垃圾被丢到大海时，殊不知人类的活动已经影响到深海的生态……

在全球五大洋中流窜的垃圾

任何陆地垃圾没有处理好，都很容易"流窜"到海洋中。"3·11"日本大地震后，一些陆地垃圾被海啸带到海洋中。两年之后，人们在美国的西海岸发现了这些垃圾。可见，这些垃圾是在北太平洋环流作用下"流窜"过来的。

生活垃圾，深海"杀手"

深海垃圾中有80%来自陆地废弃物，如塑料袋、饮料瓶等。你别看它们都是一些微乎其微的东西，它们可是深海之中的"杀手"，威胁着海洋生物的健康。例如，一些海龟常误食塑料袋，从而堵塞了肠胃，最终饿死。不仅如此，科学家还曾经从一头小须鲸的肠胃中发现800千克的塑料袋!

马里亚纳海沟发现的塑料袋

在海洋的最深处发现了塑料袋，足以说明塑料垃圾的危害之广。这一发现证明海洋垃圾已经进入了深海生态环境"禁区"，深海已经受到了人类活动的影响，揭示出人类日常活动和地球最偏僻的海洋环境也存在着明显的关联。

⚛ 海洋万花筒

2017年，科学家竟然在海洋最深处的生物的胃中首次发现塑料纤维。随后，科学家对此展开研究，他们发现在太平洋约1.1万米深的地方生活的甲壳动物竟然以塑料为食。这也说明，海洋深处早已受到人造垃圾的危害。

Part 6 人 类 与 深 海 的 故 事

深海垃圾的陆地来源

　　全球每年都会丢弃 3000 万吨塑料废弃物，它们中有一大半被直接丢到河道中，而河流是连接陆地与海洋的主要通道，它们最终在风力的作用下漂流到海洋中，随着时间的推移，从浅海来到深海。

深海垃圾的危害

　　深海塑料的累积极易破坏深海脆弱的生态系统。塑料在海洋中降解需要数百年之久，而深海的光线、温度、盐度、水流等因素加大了塑料降解的难度，使其长久地堆积在海底。数据显示，塑料可以在深海存在几千年之久。与此同时，深海的生态系统是高度地方性的，且其中的海洋生物的增长率很低，海洋塑料的长久积累对相对脆弱的深海环境而言极具破坏性。

奇闻逸事

　　当"微塑料"被海洋生物摄入后，它们将会进入生态循环系统中。有科学家表示，一旦人类吃了这类海洋生物，就等同于直接吞食了塑料。这些"微塑料"可以进入人体的肠道。另外，最小的"微塑料"还能进入人体的血管以及淋巴系统之中，最终抵达肝脏。

人类健康的"隐形杀手"

深海中的各种化学污染物都有可能进入海洋生物体内。尤其是深海环境中的生物体，因其环境的特殊性，导致这类生物体对食物的选择敏感性降低，极易吃到海洋中的塑料垃圾等有害物质，进而影响深海生物链，最终进入人体内，对人类健康造成极大危害。

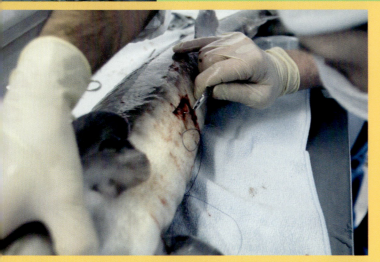

对环境的影响

深海垃圾的堆积会破坏深海生物栖息地，进而破坏海洋生物的多样性，影响渔业资源；深海垃圾也会污染海洋环境，威胁海洋旅游业等相关产业。全球气候的变化也会受到影响。

全球共同行动

保护深海环境需要世界各国加强合作，采取行动遏制深海垃圾污染。同时，提高公众环保意识，从生活做起，共同呵护地球家园。如今，全球各国都意识到海洋塑料垃圾污染的危害性，也已经开始在行动，积极采取措施，控制海洋污染。

深海环境污染的治理

深海海底是海洋塑料的最终沉积处。与浅海相比，深海污染治理的难度非常大，因此降低深海环境污染还需要从根源上进行治理。

控制污染源，切断污染途径

相关部门需要制定行之有效的管理条令，加强陆上废弃物的管理和控制，完善废弃物的收集和处理设施建设，从根源上控制海洋污染物的数量。

加强科学研究

科学研究有两方面意义，一是更加科学地评估海洋垃圾的环境影响，特别是微塑料对海洋生态和人体健康的影响；二是针对深海环境的特殊性进行研究，给出有效治理和改善垃圾堆积的可行性办法。

鼓励公众参与海洋环境治理

公众意识薄弱是造成海洋污染的重要原因。大部分公众对海洋污染不以为然，认为辽阔、深邃的海洋其纳污能力和自净能力很强，陆源物质进入海水后会"消失"，潮汐、海浪、海风日复一日不停地运动能把污垢带走，不会造成污染，因此，随意倾倒、丢弃垃圾的情况依然普遍存在。这就需要加大公众宣传教育的力度。

深海垃圾清理难度

深海环境的特殊性使垃圾清理工作变得非常复杂。深海区域通常水压巨大、光照不足，且存在多种陌生的地形和生物。在这样的环境下，进行垃圾清理不仅需要特殊的设备和技术，还需要对深海生态系统有深入的了解，以避免对生态环境造成二次伤害。

清理成本较高

深海垃圾的种类和分布也增加了清理的难度。它们的分布往往广泛而分散，难以进行有效的定位和收集。此外，深海垃圾清理工作需要投入大量的资金用于设备研发、人员培训、船舶运行等方面。对于许多国家和地区来说，这是一笔不小的开支。

开动脑筋

深海的_____、_____、_____、_____、等因素加大了塑料降解的难度。

深海垃圾的奇妙处理

深海垃圾主要是塑料制品，包括渔网、玩具、塑料袋等。不少深海生物已经和塑料垃圾融为一体。据悉，每年全世界会有几百万吨的塑料被遗弃到海洋之中，海洋环境问题早已岌岌可危。那么，我们要如何处理这些深海垃圾呢？

建立岛屿，消灭海洋垃圾

澳大利亚有大面积的海域，与此同时，那里的海洋垃圾问题也日益严重。因此，澳大利亚利用海洋垃圾建立了岛屿，并将它开发成旅游海岛。这到底是怎么回事呢？澳大利亚将海洋中的塑料垃圾制作成中空的物体，在外表又包上特别材质的薄膜。如此一来，它们就能悬浮在海面上，这是不是一举两得的好办法呢？

定期检查，开展深海捕捞

除了形成明确的法制观念，提倡绿色消费，还要定期检查，对深海垃圾开展捕捞，搜索悬浮物和垃圾漂浮的具体地址，开展精准捕捞、封袋、装运等，可以有效控制垃圾对深海的环境污染。

集中焚烧和处理无毒无害垃圾

创建人力垃圾焚烧处理岛，把深海垃圾严苛归类后，把无毒无害的垃圾集中焚烧处理，以封装的形式填入海洋。这样可以在一定程度上减少地球上的垃圾，也不会对海洋造成显著影响。

海洋万花筒

海洋塑料垃圾是如何变成石油的呢？先让我们了解一下石油是怎么变成塑料的。人们从石油中提取出合适的大分子物质，然后将它们裂解成同种或不同种的分子聚合的小分子物质，最后再聚合成高分子化合物，这就制作出塑料了。而沙特阿拉伯人将这一过程实现了逆转，如此就实现了塑料到石油的变身。

Part 6 人类与深海的故事

深海之上的处理方式

　　马尔代夫是一个陆地面积非常小的国家，这里的人产生的生活垃圾根本无法完全依赖地面填埋。因此，当地政府在水下建立了大型建筑物，那里可以堆放各类垃圾。当然，所有需要填埋到水下的垃圾都需要经过脱水、杀菌等一系列程序后才能放入这种建筑物中。你一定会说，随着时间积累，那里也会被填满的。不错，因此当垃圾累积到一定量后，工作人员会对垃圾集中压缩，然后再继续存放。

深海垃圾有可能"变身"石油吗?

　　一直以来，沙特阿拉伯有"石油之国"的美誉。这可真是名不虚传。你能想到将海洋塑料垃圾变成石油吗? 你还别不信，沙特阿拉伯还真做到了。沙特阿拉伯人将海洋垃圾中的塑料进行一定加工之后，竟然得到了价值不菲的石油。

📙 奇闻逸事

　　科学家预测，到 2050 年，塑料废弃物将会超过海洋中所有鱼类的总数量，这是令人难以想象的事情。当前，每年有2300 万～3700 万吨塑料垃圾被倾倒在海洋中。这些塑料废弃物不仅侵害海洋微生物，还威胁着原绿球藻。原绿球藻是一种海洋细菌，它们影响着地球氧气的含量。

从海面着手处理，防止进入深海

史拉特是一名荷兰发明家，他发明了一种海洋塑料垃圾收集装置。这种装置借助海流力量，将海洋塑料垃圾收集起来。它全长有 100 千米，呈"V"字形，由橡皮制的浮标构成。他表示，这个海洋塑料垃圾收集装置可收集 3000 立方米的海洋塑料垃圾。

可降解塑料袋给深海"减负"

日本科学家想要研发一种在海水中能降解的塑料袋。他们称这种塑料袋由甘蔗等植物制作而成，通过微生物降解垃圾的原理降解塑料袋，为减少海洋塑料垃圾作贡献。他们还表示，这种塑料袋在一年左右就能被完全降解。

细菌分解深海垃圾

海洋中的细菌生命力非常顽强，一些细菌的生长和繁殖速度非常快。大多数海洋细菌能分解海洋中的一部分垃圾，如粪便和尸体，实现能量循环使用。科学人员开始关注这些细菌的独特功能，比如，它们如何在几千米深的极端环境下生存，如何分解蟹壳、虾壳等，这些功能是如何实现的，以及将来是否可以为人类所用。

将垃圾送"地狱"

如今，各种垃圾充斥在世界的各个角落，尤其是有高辐射的垃圾，它们早已成为世界难题。如何为垃圾找到一个好去处呢？

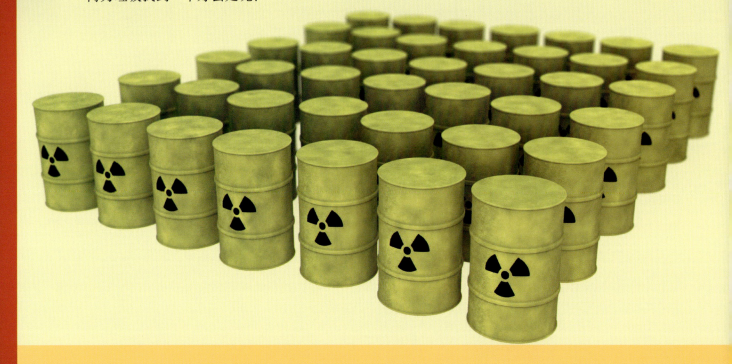

工业废物和放射性废料

在所有垃圾中，工业废物和放射性废料产生的危害是最大的。尤其是放射性废料，它们更是祸害无穷。在全球不少地方都堆放着核废料，它们足以毁掉整个地球。另外，这些物质还有破坏地球生态的隐患。

人们发现了海沟

当前，人们处理有害垃圾的最直接办法就是把它们填埋在地下。人们认为，将它们填埋得足够深，就能永久将它们封存起来。不过，现代科技虽然相对发达，但人们填埋垃圾的深度也不过几千米。后来人们发现了海沟，它是板块运动的结果，和陆地相连接，始终处于不停的运动之中。人们希望海沟能减轻地球垃圾堆放的压力。

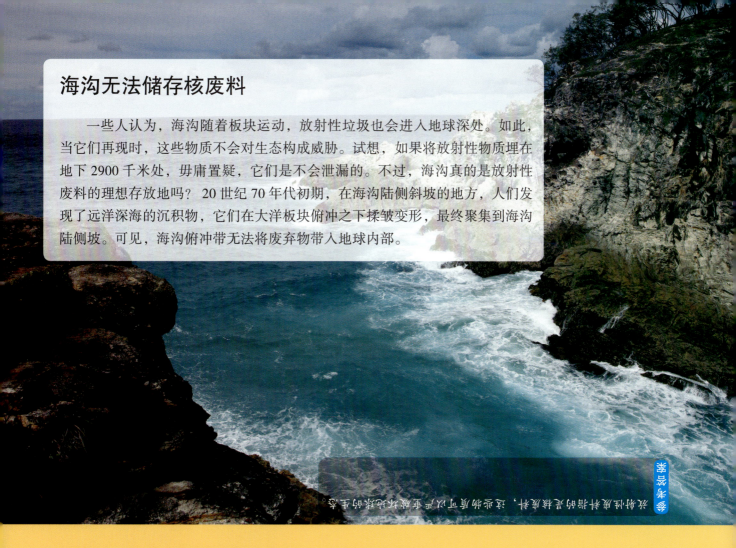

海沟无法储存核废料

一些人认为，海沟随着板块运动，放射性垃圾也会进入地球深处。如此，当它们再现时，这些物质不会对生态构成威胁。试想，如果将放射性物质埋在地下 2900 千米处，毋庸置疑，它们是不会泄漏的。不过，海沟真的是放射性废料的理想存放地吗？ 20 世纪 70 年代初期，在海沟陆侧斜坡的地方，人们发现了远洋深海的沉积物，它们在大洋板块俯冲之下揉皱变形，最终聚集到海沟陆侧坡。可见，海沟俯冲带无法将废弃物带入地球内部。

放射性废料的存放是个难题，这张海沟地形图或许能解决这样的苦恼。

如何让沉积物潜入地球内部

有一位科学家提出一种有趣的想法，他发现大洋板块在俯冲的时候是向下弯曲的。这部分弯曲表层在张力作用下，一些地块就会向下陷落，板块在俯冲的时候，沉积物会被刮到底堑凹陷之中，它们看起来就像是载满货物的一节节车厢，从而将"货物"运往地球的内部。

让垃圾坐上直通"地狱"的火车

当出现工业废物或放射性废料之后，人们会将它们放置在两个板块交接的地方。当大洋板块向大陆板块俯冲的时候，废料在大陆板块的作用下进入大洋板块的凹陷中。如此一来，大洋板块就将这些"恶魔"载入"地狱"之中。

 开动脑筋

放射性废料都有什么？它们的危害是什么呢？

深海潜水员

　　人们对美丽的海底世界非常向往，也对海底世界的生物和美景十分好奇。而能近距离与海洋生物接触的潜水员，也成为人们羡慕的对象。实际上，潜水员的工作有一定的危险性，尤其是深海潜水员。那么，他们在深海中会遇到哪些危险呢？

深海潜水员的死亡率极高

　　有一个报道称，在大西洋东北部的北海从事石油开采等设备安装的潜水员，他们的死亡率要高于深海捕鱼人和矿工。对于一个1000多人的工作组而言，每年会有6名深海潜水员为事业献身。北海终年寒冷，深海潜水员潜入深海中，他们要面临寒冷的考验。一旦体温下降到某种程度，将会丧失知觉，最终停止心跳。当然，还有一些死亡原因是不可避免的危险所致。

饱和潜水的提出

1957 年，美国提出了"饱和潜水"。1981 年，美国的 3 名潜水员在 686 米深的海底生活了 7 个昼夜，完成了第一次实验。在这次作业中，潜水员需要承受相当于陆地上 68.6 倍的压力。当完成这次实验之后，他们在减压舱待了 11 天才实现减压。

什么是饱和潜水

当前，世界各国都在攻克深海潜水技术，破解这个难题的关键在于饱和潜水。你知道吗？在潜水过程中，深度每增加 10 米，就会增加 1 个大气压。因此，潜水员想要完成作业必须要减压。如果不减压，在高压之下，一些惰性气体就会残留在潜水员体内。

🌀 海洋万花筒

在一般的潜水过程中，潜水员在 60 米的地方只能工作半小时。随后，他们需要进入减压舱。如此一来，减压时间长，作业时间相对较短。潜水员从深水中上岸之后，因压力的改变，很容易患上减压病。因此，潜水减压舱会给潜水员留出足够的时间排出体内的气体，从而防止减压病的发生。

Part 6 人类与深海的故事

饱和潜水员的呼吸

　　一般人呼吸的空气由氮气和氧气混合而成，人们在呼吸过程中十分轻松。饱和潜水员呼吸的气体也是由氧气和氮气混合而成的。值得注意的是，饱和潜水员呼吸的气体中，氧气少，氮气多。当然，这两种空气混合的比例会根据水深不同而不同。他们在这样的环境中呼吸时相对顺畅，但是他们说话的声音却好像是鸭子在叫。

饱和潜水员怎么吃饭

　　饱和潜水员吃饭的时候也和平时不一样。他们必须在生活舱中吃饭，而且不能吃硬的东西，也不能吃黄豆、萝卜等味道浓烈的食物，需多补充高热量的食物，如牛排、鸡肉、鸭肉、鱼肉等。更奇葩的是，米饭、馒头黏在牙齿上是一件非常难受的事情，他们需要努力咀嚼才能吞咽下去。

📒 奇闻逸事

　　你知道为什么饱和潜水员不能吃硬的东西和黄豆、萝卜等食物吗？因为，他们吃太硬的东西会伤害到牙齿。吃黄豆、萝卜很容易放屁，吃味道太重的食物很容易污染相对狭隘的环境。不仅如此，他们在那里味觉会变得迟钝，吃不出饭菜的咸淡。

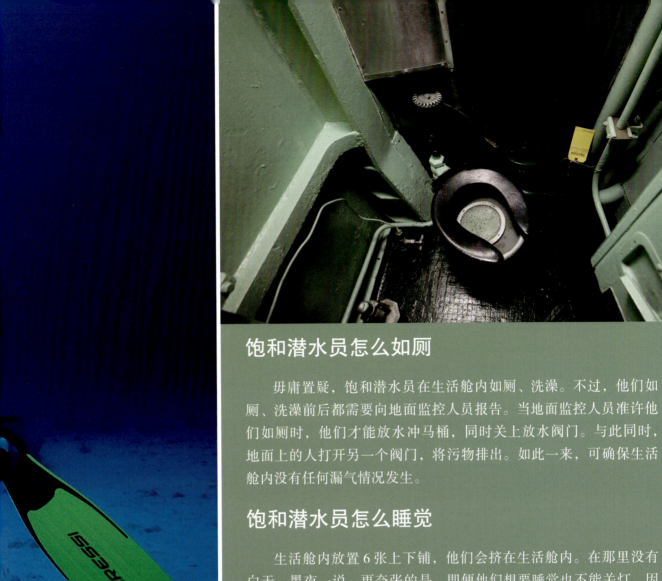

饱和潜水员怎么如厕

毋庸置疑，饱和潜水员在生活舱内如厕、洗澡。不过，他们如厕、洗澡前后都需要向地面监控人员报告。当地面监控人员准许他们如厕时，他们才能放水冲马桶，同时关上放水阀门。与此同时，地面上的人打开另一个阀门，将污物排出。如此一来，可确保生活舱内没有任何漏气情况发生。

饱和潜水员怎么睡觉

生活舱内放置6张上下铺，他们会挤在生活舱内。在那里没有白天、黑夜一说。更夸张的是，即便他们想要睡觉也不能关灯。因为地面上的监控室要随时监控他们的安危。所以，在这样单调的生活中，他们一天能睡12个多小时。当然，实在不困的话，就只能看书打发时间了。

饱和潜水员的衣着

生活舱内的温度始终维持在38～40℃。所以，饱和潜水员一般在舱内穿棉质短袖或宽松的衣服。当他们作业时，需要穿一种叫作"热水服"的服装。这些服装四周布满了水管，水管内流动着的热水可以为他们抵御海水的寒冷，确保他们维持正常体温。

关于潜水的小知识

你看过《碟中谍5：神秘国度》吗？当你看过之后，就一定会对深海充满好奇。你一定想要迫不及待地潜入海底看一看不一样的世界。不过，在下水之前应该学会潜水。让我们一起学习关于潜水的小知识吧！

潜水的种类

根据潜水器的不同，可分为硬式潜水、软式潜水、自给气式潜水、半闭锁回路送气式潜水、应需送气式潜水。根据潜水的方式不同，可以分为饱和潜水和非饱和潜水。根据呼吸气体不同，可分为空气潜水、人工空气潜水、其他混合气体潜水。从潜水活动的性质上可分为休闲潜水、工业潜水和技术潜水。休闲潜水分为浮潜、水肺潜水和自由潜水。

潜水的配置

潜水需要准备面镜、呼吸管、防寒衣、蛙鞋、浮力调节背心、一级调节器、二级调节器、潜水仪表、气瓶、配重、挂钩、快卸扣环、手套、潜水靴、潜水刀、水中照明灯、水中记录板、潜水电脑表等。

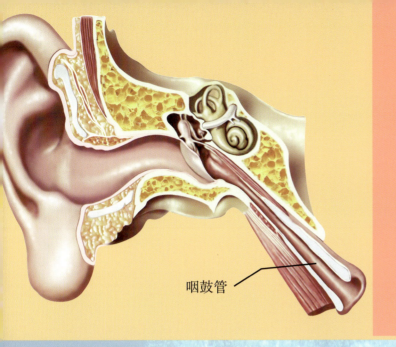

咽鼓管

保持身体内外气压平衡

如果你想学会潜水，那一定要学会保持身体内外气压平衡。你知道吗？如果身体内外气压不平衡，很容易伤害到耳膜。如果刚接触潜水，身体内外气压在水下没有达到合理的平衡，很容易出现耳膜穿孔。那么，如何做到身体内外气压平衡呢？它依靠鼻子和耳朵之间的连接部位——咽鼓管。只有打开咽鼓管，才能更好地调节身体内外气压平衡。

为什么潜水时会感到尿急

潜水者在潜水时，受到水温、水压等影响，从而使身体外部血液朝着核心躯干内部聚拢，这很容易让潜水者误认为自己喝太多水了，所以就想小便，这属于正常现象。

开动脑筋

潜水时还可能出现哪些有趣的事情呢？为什么？不妨写一写吧！

可以在水下呕吐吗

你知道吗？一旦你进入水下就不能随意呕吐。当然，如果你确实难受，需要呕吐，那请不要拿开二级头。请直接在二级头内呕吐，呕吐之后将二级头从嘴巴上拿开，然后按下气阀，清理二级头内的脏物。如果你还难受，想要呕吐，一定要将二级头放到口中。

提示：不要随意开启自己的装备，可由其他人为你的装备进行充气。

深海探索

你读过一本叫《海底两万里》的书吗？这是一本科幻小说。这本书讲述了一艘名叫"鹦鹉螺"号的潜艇在海底的旅行。那里是一个与世无争的地方，有鱼类、珊瑚、矿石……我们从这本书中感受到了海洋神秘的一面。你一定渴望世界上真的有一艘"鹦鹉螺"号吧！

"阿尔文"号探索

"阿尔文"号潜水器是用美国伍兹霍尔海洋研究所的海洋学家阿尔文的名字来命名的，在浩瀚的海底，"阿尔文"号能让舱内的人身临其境地感受着海底的状况，也让人们真正走进了海洋之中。

潜水器中的"明星"诞生了

1964 年 6 月 5 日，美国一家公司设计出一艘潜水器——"阿尔文"号。它是世界上首艘可以载人的深海潜水器，有一个钛合金载人球舱，可以同时载一名潜航员以及两名科学家。舱内的人们透过球舱，可以观察到海底的一切，有利于科学家开展各种科研考察活动。

"阿尔文"号的构造

"阿尔文"号一共有 6 个推进器，其中有 2 个分别安装在两侧，3 个安装在尾部，1 个安装在中间部位。所以，"阿尔文"号可以随意地在水下前进。需要注意的是，在下潜和上浮的过程中，人们从省电角度出发，一般不用推进器，而依靠浮力实现下潜和上浮。

Part 6 人 类 与 深 海 的 故 事

"阿尔文"号第一次下潜

1965 年,"阿尔文"号载着两名潜航员下水了。他们下潜到了 1800 米深的地方。从那以后,"阿尔文"号开始了它的科研之旅。在一次次的下潜过程中,"阿尔文"号越来越彰显它的潜力。

"阿尔文"号和一条剑鱼

1967 年 7 月 6 日,"阿尔文"号又下潜了,这是它的第 202 次下潜。当它下潜到 600 米左右深的水域时,一条剑鱼竟然撞上了它。不得已,"阿尔文"号只好暂时放弃下潜,开始上浮。人们费尽九牛二虎之力才将这位突如其来的"访客"请下去。

"阿尔文"号受到重创

　　1968年，"阿尔文"号在深海探险中经历了最严重的打击，当下潜人在科德角周边的海域准备下潜时，突然一根钢缆断裂了，它是用来吊挂潜水器的，只见"阿尔文"号快速坠入海底。1969年，"阿尔文"号在海底待了11个月后，人们将它打捞上来。经过一番修复，"阿尔文"号竟然重生了。

"阿尔文"号拉开了新世界的序幕

　　1977年，科研人员乘坐"阿尔文"号潜入加拉帕戈斯群岛附近的海底。他们在那里发现了海底热泉。不仅如此，人们还发现在海底热泉附近生活着很多生物，如瞎眼的虾、管状蠕虫……科研人员从那里看到太多神秘的事物，一场海洋生命科学的革命拉开了序幕。

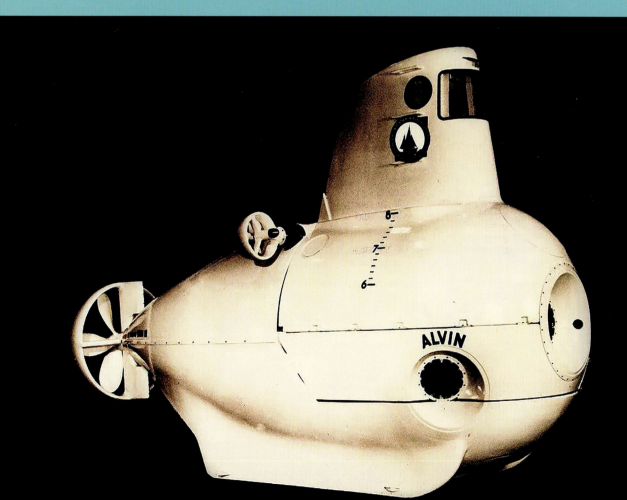

Part 6 人 类 与 深 海 的 故 事

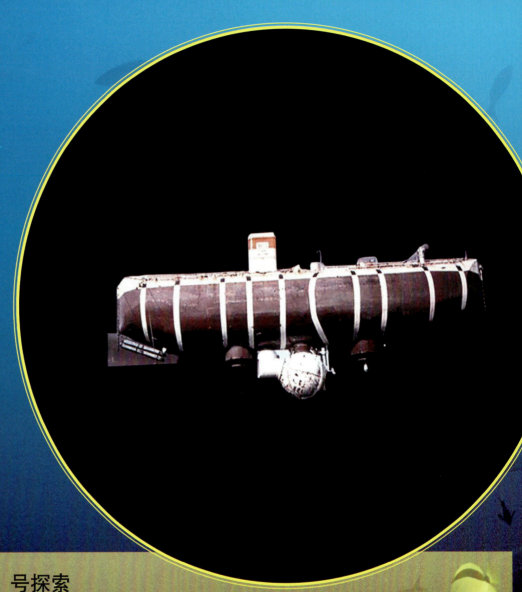

"的里雅斯特"号探索

　　1951 年，瑞士的奥古斯特·皮卡德和雅克·皮卡德父子来到意大利港口城市的里雅斯特，在瑞典的支持下设计制造了他们的第二艘深海潜水器——"的里雅斯特"号，这艘深潜器长 15.1 米，宽 3.5 米，可载两三名科学家。1958 年，"的里雅斯特"号被转卖给美国海军。美国海军从德国购置了一种耐压强度更高的克虏伯球，因此，皮卡德父子又建造了一艘新型的"的里雅斯特"号深潜器。

"的里雅斯特"号不断刷新人类深海潜水的新纪录

第一次，1953年的一天，皮卡德父子驾驶"的里雅斯特"号潜入1088米深的海底。

第二次，在第勒尼安海到达了3048米深的海中，又一次刷新了人类深海潜水的新纪录。

第三次，1953年9月在地中海下潜到3150米的深处。

第四次，1958年新的"的里雅斯特"号首次试潜就潜到5600米的深度。

第五次，第二年又潜到7315米。

第六次，1960年1月20日，雅克·皮卡德和美国海军军官沃尔什乘坐"的里雅斯特"号仅用了4小时43分钟，就潜到了世界海洋最深处——马里亚纳海沟，最大潜水深度为10916米。

"深海勇士"号探索

我国 4500 米级"深海勇士"号载人潜水器于 2009 年立项，在七〇二所的组织下，于 2017 年实现了载人舱、浮力材料等十大关键部件的国产化，并在 2017 年 10 月海试成功，为深海载人深潜高端装备实现中国制造探索了一条切实可行的道路。

"深海勇士"号助力中国深海考古
新阶段

2022年10月，"深海勇士"号载着我国深海考古调查团，在我国南海西北陆坡约1500米深度的海域发现两处古代沉船点。

2023年5月20日，国家文物局相关专家驾驶"深海勇士"号对南海西北陆坡一号沉船进行了第一次考古调查，在沉船遗址核心堆积区西南角布放水下永久测绘基点，并进行了初步搜索调查和影像记录。

"奋斗者"号探索

"奋斗者"号是我国研发的万米载人潜水器，于2016年立项，采用了安全稳定、动力强劲的能源系统，拥有先进的控制系统和定位系统以及耐压的载人球舱和浮力材料。2020年2月完成总装和陆上联调，3月开展水池训练。2020年6月19日，被正式命名为"奋斗者"号。

"奋斗者"号载人潜水器

"奋斗者"号

成功实现 10909 米坐底

2020 年 10 月 27 日，"奋斗者"号在马里亚纳海沟成功下潜突破 1 万米达到 10058 米，创造了我国载人深潜的新纪录。

2020 年 11 月 10 日 8 时 12 分，"奋斗者"号实现了在马里亚纳海沟的成功坐底，坐底深度为 10909 米，刷新中国载人深潜的新纪录。

2023 年 1 月 22 日，"奋斗者"号抵达蒂阿蔓蒂那海沟最深点，这是人类历史上首次抵达该海沟最深点。

"蛟龙"号探索

　　"蛟龙"号是一艘由我国自行设计、自主集成研制的载人潜水器，为863计划中的一个重大研究专项。设计最大下潜深度为7000米级，是目前世界上下潜能力最强的作业型载人潜水器，可在占世界海洋面积99.8%的广阔海域中使用，对于我国开发利用深海的资源有着重要的意义。

"蛟龙"号海试成功

2009—2012 年,"蛟龙"号接连取得 1000 米级、3000 米级、5000 米级和 7000 米级海试成功。2012 年 6 月 27 日 11 时 47 分,再次刷新"中国深度"——在马里亚纳海沟下潜 7062 米。这既标志着我国海底载人科学研究和资源勘探能力达到国际领先水平,也标志着我国的深海潜水器成为海洋科学考察的前沿与制高点之一。

"蛟龙"号多次下潜成功

从 2013 年起,"蛟龙"号正式进入试验性应用阶段。2017 年 6 月 13 日,"蛟龙"号顺利完成了大洋 38 航次第三航段最后一潜。截至 2022 年 8 月,"蛟龙"号已成功下潜 227 次。

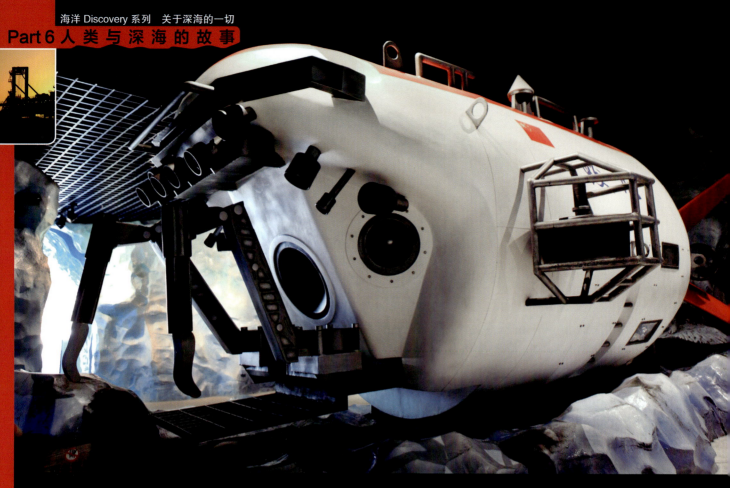

五花八门的"深海勇士"

随着科技的发展，世界各国发明了各种潜水器，有"蛟龙"号载人潜水器、"Cyclops1"新型潜水器、"潜龙一号"……让我们一起走进潜水器的世界吧！

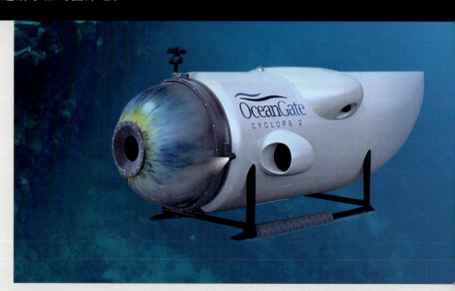

坐落在太平洋西北角的 OceanGate 公司发明了最新的载人潜水器——Cyclops1。它的外形如同一颗泪珠，外壳十分厚实，可下潜到 6000 米深的地方。在它的外壳上还有一种光纤，可随时监控海底水压，一旦有反常就会发出警报。它的内部可以容纳 5 人。潜水器前面还有一个巨大的球形空间，可以让驾驶员以及科研人员毫无遮拦地观察海底世界。

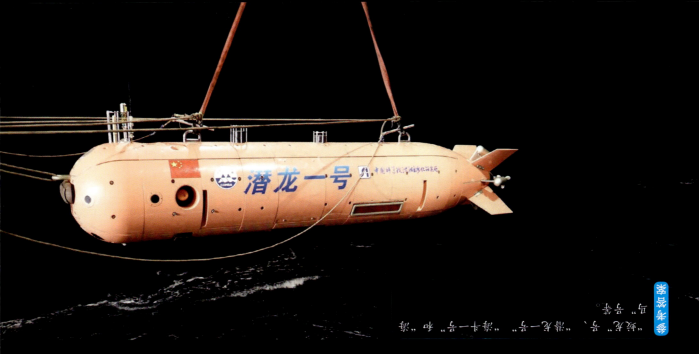

"潜龙一号"

"潜龙一号"是中国研制的无人无缆潜水器，它可以下潜到 6000 米深的地方。如今，"潜龙一号"已经连续 3 次成功地在东太平洋作业。不仅如此，还首次做到了夜间下潜。"潜龙一号"上配备了各种探测设备，可完成底层判断、海底水温参数测量等作业。

"海斗一号"

"海斗一号"是中国首台作业型全海深自主遥控潜水器，由中国科学院沈阳自动化研究所主持研制。"海斗一号"搭载的七功能全海深电动机械手具有完全的中国自主知识产权。2020 年 4 月 23 日，"海斗一号"搭乘"探索一号"科考船奔赴马里亚纳海沟，成功完成了首次万米海试与试验性应用任务，刷新中国潜水器最大下潜深度纪录，同时填补了中国万米作业型无人潜水器的空白。

"海马"号

"海马"号是我国自主研制的首台 4500 米级深海遥控无人潜水器作业系统，于 2014 年 4 月 22 日在南海完成海上试验，并通过海上验收。"海马"号是中国迄今为止自主研发的下潜深度最大、国产化率最高的无人遥控潜水器系统，并实现了关键核心技术国产化。

💡 开动脑筋

我国研制出多少潜水器呢？

_____

_____

_____

深海潜水器的原型

　　无论是"蛟龙"号载人潜水器，还是"阿尔文"号……它们都让潜水器风靡一时，以至于富有好奇心的人们心中萌生这样的念头：海底那么深，我想去看看。那么，这些深海潜水器是怎么产生的呢？

深海是一个充满"怪物"的世界

　　在法国作家凡尔纳所写的《海底两万里》中，深海是一个充满"怪物"的世界。在凡尔纳生活的那个时代，潜艇的研制处于起步阶段，在海底航行对当时的人来说是一个遥不可及的目标。不过，随着英国"挑战者"号测量船对海洋进行勘探，人们对深海有了更深的认识。

人类开始思考潜入深海的问题

1894 年，一位意大利工程师开始思考潜入深海的问题。他想将潜艇制作成圆球状，如此一来，它的每一个面上受到的压强都是平衡的，同样，这也是物体受到挤压后的形状。随后，他将一个金属球掏空，并将它沉在 165 米的水下。令人惊奇的是，它竟然没有被压碎。

最早的深海潜水器

20 世纪 20 年代，威廉·贝比已经是纽约非常著名的探险家、生物学家了。不过，他却将目光投到深海探险，以及对深海生物的研究方面。贝比认为，航海器应该是圆柱体的。1928 年，贝比表示想要实现深海探险的梦想。巴顿是一名年轻的设计师，他十分赞同贝比。两人一拍即合，联手制作出"深海潜水球"。随后，他们多次试潜，最终试潜成功——244 米。在当时，这是人类抵达的海洋最深的地方。

🔬 海洋万花筒

贝比和巴顿用铁铸造出一个潜水球。"深海潜水球"中有自供氧气筒，人呼吸出来的湿气、二氧化碳会被氯化钙、碱石灰吸收。在潜水球上还设置了 3 个圆柱体的窗台，它们被悬挂在一根又粗又长的铁索上。他们利用滑轮等将潜水球放入水中，铁索上有电话线等，可为潜水员提供通信。当然，潜水球浮上来也需要通过铁索。总之，铁索限制着潜水球的下潜和上浮。

奥古斯特·皮卡德的"入海之梦"

　　奥古斯特·皮卡德是"阳光动力2号"太阳能飞机的推动者伯特兰德·皮卡德的爷爷。当他得知贝比的潜水纪录后，就想利用自己制造热气球的经验，让潜水球回到海面。在他看来，只要给潜水球加一个浮力舱，下沉则加一些压载物，如此一来就能打破铁索对潜水球的限制。1948年，历经千辛万苦之后，他终于制作出真正的深潜器——"FNRS-2"号。

父子齐心合力再创深潜纪录

　　1953年，奥古斯特·皮卡德和儿子雅克·皮卡德设计了"的里雅斯特"号深潜器。美国海军看到了"的里雅斯特"号的潜能，他们与这对父子签订协议。在美国海军的支持下，他们对"的里雅斯特"号做了改进。1959年，新的"的里雅斯特"号第一次下潜便创造了5500米的新纪录。随后，它又创造了10 913米的深潜纪录！

奇闻逸事

　　现代深潜器可不仅仅是为了深潜，它还可以在海底捞氢弹。这到底是怎么回事呢？ 1966年，美国空军两架轰炸机在空中因意外相撞而坠毁，坠毁的轰炸机上有4颗氢弹，其中3颗在西班牙本土找到了，而最后一颗竟然消失在地中海！当时，"阿尔文"号刚刚研制成功，经过一个多月的搜寻，"阿尔文"号成功将坠入海底的氢弹捞出来了！

世界上最先进的潜水器

随着科技的发展，世界各国对潜水器的研发层出不穷。接下来，让我们一起领略世界上先进的潜水器吧！

"深渊登陆者"

2007年，苏格兰阿伯丁大学海洋实验室制造了"深渊登陆者"。它可以测量海洋深度、温度，并可以捕捉脊椎动物。它可以在深海中待1年之久，在那里搜集各种数据。只要研究者向它发出指令，它就会一丝不苟地执行。

"涅柔斯"

在希腊神话中，涅柔斯是爱琴海的海神。我们现在提到的"涅柔斯"则是美国伍兹霍尔海洋研究所制造的最先进的潜水器。人们可以用两种方式操控它：一种是传统的遥控方式；另一种是新式的水下机器人一样的操作。它可以在海底测绘、拍照、收集岩石等。

> 深渊登陆者
> 它可以测量海洋深度、温度，并可以捕捉脊椎动物。

开动脑筋

"深渊登陆者"可以做些什么？

_____

_____

_____

海洋 Discovery 系列

关于深海的一切

关于深海的一切

关于企鹅的一切

关于水母的一切

关于台风的一切

关于鲨鱼的一切

关于潜水的一切

关于极地的一切

关于章鱼的一切

关于观赏鱼的一切

关于鲸的一切